同位素水文技术
在黑河流域水循环研究中的应用

钱云平　王　玲　等著

黄河水利出版社

内 容 提 要

本书介绍了环境同位素水文技术在黑河流域水循环研究中的应用。通过对流域大气降水、地表水和地下水的环境同位素取样分析,研究了流域地下水循环特征、流域地下水的补给来源、地表水与地下水的转化关系,并通过利用^3H、CFC 等测龄技术确定了流域地下水的补给年龄,查明了地下水可更新能力。研究分析人类活动对水循环和水资源的变化及影响,揭示变化环境下水循环演变机制和水资源演变规律,为流域水资源评价、水资源的开发利用和规划以及黑河流域近期治理提供了重要的科学依据。对从事同位素、水文地质学研究和应用的科研、工程技术人员及其他有关人员具有重要的参考价值和实际应用意义。

图书在版编目(CIP)数据

同位素水文技术在黑河流域水循环研究中的应用/钱云平等著.—郑州:黄河水利出版社,2008.2
ISBN 978-7-80734-355-4

Ⅰ.同… Ⅱ.钱… Ⅲ.同位素应用-河流-水循环-研究-西北地区 Ⅳ.P344.24

中国版本图书馆 CIP 数据核字(2008)第 017899 号

出 版 社:黄河水利出版社
地址:河南省郑州市金水路 11 号　　邮政编码:450003
发行单位:黄河水利出版社
发行部电话:0371-66026940　　传真:0371-66022620
E-mail:hhslcbs@126.com
承印单位:黄河水利委员会印刷厂
开本:787 mm×1 092 mm　1/16
印张:10.25
字数:237 千字　　印数:1—1 100
版次:2008 年 2 月第 1 版　　印次:2008 年 2 月第 1 次印刷

书号:ISBN 978-7-80734-355-4　　定价:28.00 元

前　言

西北内陆河干旱地区水资源时空分布不均，中下游盆地水资源严重缺乏，生态环境极为脆弱，水资源问题已成为制约西北地区生态环境修复和国民经济发展的主要因素。如何可持续利用流域水资源，进行流域生态环境修复，日益成为政府和水行政主管部门迫切需要解决的问题。要合理开发利用水资源，必须对水资源进行科学评价和可持续管理，但水资源的可持续利用和管理取决于对水循环及其演变规律的认识程度。

黑河流域干旱区特殊的地理环境，形成了独具特色的水循环模式。水资源形成、运移、转化和消耗过程具有明显的规律性，这种水循环特征或模式随着流域人类活动影响强度的日益加剧发生了较大的变化，水循环模式的变化直接改变了流域水资源分布规律，造成流域生态环境日益恶化，如中游盆地水资源的过度开发利用，造成泉水溢出带泉水枯竭；进入下游盆地的水量锐减，导致下游盆地地下水严重超采；水位持续大幅下降，引起下游盆地天然绿洲萎缩；土地沙漠化、荒漠化、盐渍化程度和范围日益扩大，引起整个流域生态环境平衡失调和水资源危机，对流域生态环境造成了极大的破坏。流域水循环模式的变化直接影响着流域水资源的开发利用和生态环境修复，严重影响流域经济和社会的可持续发展。

环境同位素水文技术是目前研究水循环问题非常有效的先进技术。近几十年来，在国际原子能机构(IAEA)的组织和推广下，同位素水文技术在水循环过程的研究中发挥了重要且独特的作用，被广泛应用于解决与水资源有关的水文学问题和水－生态系统中的环境问题，尤其在水资源的补给来源、循环途径和补给年龄等方面。目前同位素水文技术已发展成为一门新的分支学科——同位素水文学(Isotope Hydrology)。

为推动同位素水文技术在我国水文水资源领域的应用，2002 年 IAEA 将“黑河地表水与地下水转换规律研究”批准为 2003 ~2004 年 IAEA 技术合作项目(Technical Cooperation Project)，项目编号 CPR/8/015。

该项目研究目标是通过采用先进的环境同位素水文技术，研究流域地下水循环特征，建立流域水循环模式，分析人类活动对水循环和水资源的变化及影响，揭示水循环演变机制和水资源演变规律，为流域水资源评价、水资源的开发利用和规划以及黑河流域近期治理提供了重要的科学依据，同时为西北内陆河流域水循环规律研究提供了重要的借鉴经验，也为水利部门推广应用同位素水文技术积累了应用经验。

该项目自 2002 年启动，历时 3 年，在此期间，研究人员收集了前人大量的研究成果并加以分析吸收，同时开展了多次野外地质调查和水化学、环境同位素取样工作，获得了大量基础数据、资料和同位素分析数据。

本书是在上述研究成果的基础上编写的，参加编写的人员来自水利部水利水电规划总院、黄河水利委员会水文局、中国科学院地质与地球物理研究所、甘肃省张掖水文水资源勘测局。本书章节的总体安排由钱云平、王玲商定，全书由钱云平统稿，各章节的主要执笔人如下：前言，钱云平、王玲；第1章，张世伟；第2章，张彦军；第3章，钱云平、王玲；第4章，张世伟；第5章，钱云平、王玲；第6章，钱云平；第7章，高巨伟；第8章，张彦军；第9章，钱云平；第10章，张彦军；后记，王玲、钱云平。主要图件绘制由高亚军、宋瑞鹏、王志勇完成。

本书在编写过程中得到了黄河水利委员会水文局、中国科学院地质与地球物理研究所、甘肃省张掖水文水资源勘测局和黑河流域管理局的支持和帮助，在此表示诚挚的感谢。

由于作者水平有限，书中错误和缺点在所难免，恳请广大读者批评指正，谢谢！

作　者

2007年5月

目　录

第 1 章　流域概况

1.1　流域自然地理

1.1.1　地理位置

黑河是我国西北干旱地区第二大内陆河，发源于祁连山中段，流域范围介于东经 98°～102°、北纬 37°50′～42°40′之间，南起祁连山，北至额济纳的居延海，东至山丹大黄山，西至嘉峪关的黑山。流域东与石羊河流域相邻，西与疏勒河流域相接，北与蒙古人民共和国接壤，涉及青海、甘肃、内蒙古 3 省（区），流域总面积 14.29 万 km^2，其中甘肃省 6.18 万 km^2，青海省 1.04 万 km^2，内蒙古约 7.07 万 km^2；流域平原区面积约 5 万 km^2，占流域面积的 35%，其余地区为基岩山地、戈壁和沙漠。黑河流域地理位置见图 1-1。

黑河流域具有重要的战略地位，中游张掖地区位于古丝绸之路和今日欧亚大陆桥之要地，是甘肃省重要的粮食生产基地，自古享有“金张掖”的美称，在甘肃省乃至西北地区社会经济发展中占有重要地位。下游的额济纳旗有我国著名的卫星发射基地——酒泉卫星发射基地，与蒙古人民共和国接壤的边界线长达 507 km；居延三角洲的天然额济纳绿洲，既是阻挡风沙侵袭、保护生态的天然屏障，又是当地人民繁衍生息、国防科研和边防建设的重要依托[1]。

1.1.2　地形地貌

根据黑河流域地形地貌，黑河流域遥感影像图见图 1-2，黑河流域可分为上、中、下游 3 部分。

出山口莺落峡以上的祁连山区为上游区（见图 1-3），山区山势陡峻，西高东低，由南向北倾斜，沟谷切割剧烈，海拔高程大多在3 000～5 000 m，祁连山主峰海拔高程为 5 564 m。在4 000 m以上山区，常年积雪，其中在4 500 m以上发育有现代冰川，在 3 000～4 000 m 生长有森林。祁连山区河道两岸山高谷深，河床陡峻，气候阴湿寒冷，植被较好，多年平均气温不足 2 ℃，降水较为丰沛，年均 350 mm 左右，是黑河流域的产水区。

出山口莺落峡至正义峡为流域中游，位于河西走廊中部平原地带，由冲积、洪积倾斜平原和低山区组成。北部自西向东分布有黑山、金塔南山、合黎山和龙首山，山体大多较窄，除龙首山（主峰海拔3 600 m）外，多为低山，海拔高程在1 500～2 500 m之间。祁连山与北部山地之间为走廊平原，被横穿平原的基底隆起带和断裂带自西向东分割为酒泉西盆地、酒泉东盆地、张掖盆地和民乐－大马营盆地。

中游盆地主要为河流、湖泊相沉积，地势较为平坦，海拔高程 1 300～1 700 m，南高北低，气候干燥，属温带干旱区，年降水量平均仅有 140 mm，多年平均温度 6～8 ℃，无霜期较长，光热资源丰富，年日照时数长达3 000～4 000 h，年蒸发能力平均达1 410 mm，水资源利用主要依赖于黑河，人工绿洲面积较大（见图 1-4），为重要的农业灌区，是流域水资

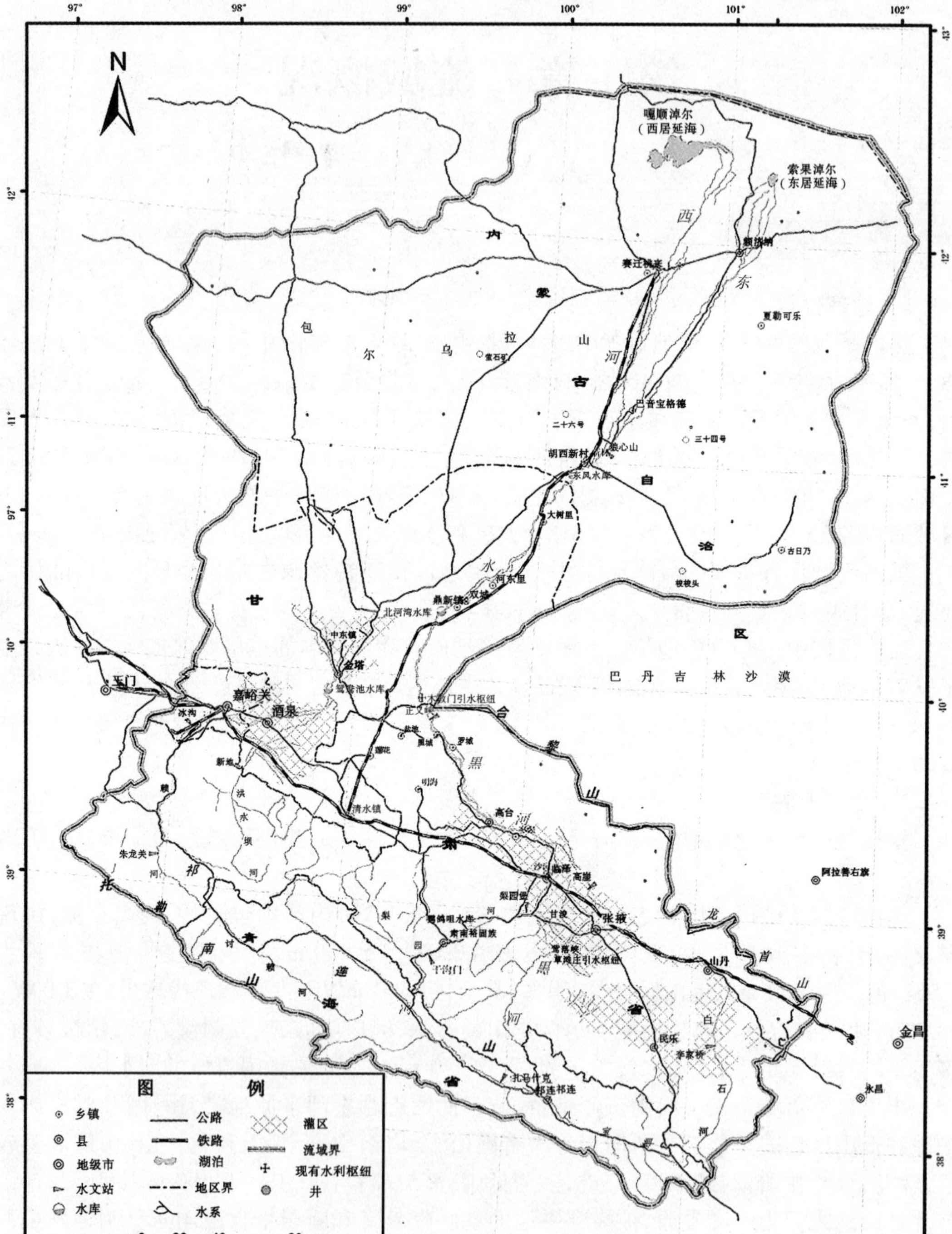

图 1-1　黑河流域地理位置

源的主要消耗区。

正义峡以下为黑河下游。正义峡至大墩门，河长19 km，属切割基岩的狭谷型河段。

图 1-2　黑河流域遥感影像图(2000 年)

河出大墩门,游荡进入阿拉善大平原,沙漠戈壁广布其间,也为用水提供了便利条件,其下可分为 3 段:上段为大墩门至哨马营,河长 96 km;中段为哨马营至狼心山,河长 60 km,中国航天城——酒泉卫星发射中心坐落在这里;狼心山以下为下段,进入额济纳三角洲,黑河过狼心山分水闸后分为东河和西河,其中东河全长 158 km,西居延海和东居延海分别

图 1-3 祁连山区美丽的自然风景

图 1-4 中游人工绿洲

是西河和东河的尾闾湖泊，于 20 世纪 60 年代和 90 年代先后干涸。2002 年以后，随着黑河流域水资源统一管理和综合治理的逐步展开，两湖均已先后进水，其中东居延海已恢复往日湖区水面面积；内蒙古自治区阿拉善盟额济纳旗首府达莱库布镇就坐落在额济纳三角洲的居延海畔，300 年前自欧洲伏尔加河沿岸回归祖国的蒙古族土尔扈特部即生活在这里。

黑河下游地面海拔高程 900 ~ 1 300 m，盆地内地势低平，总体上自南向北，自东向西缓慢倾斜，地面坡降 1‰ ~ 3‰，地势最高点为南部的狼心山，最低点为盆地北部的东西居延海。西南部为冲积、洪积平原，北缘为冲洪积倾斜平原，盆地中部主要为冲积、湖积平原,东北部为古冲积平原,与巴丹吉林沙漠相邻。下游除河流沿岸和居延三角洲外,大部为沙漠戈壁,气候异常干旱,年降水量平均只有 47 mm,是我国降水最少、极干旱地区之一,是流域径流消失区[2,3]。

由于河水的滋润,在额济纳盆地干旱三角洲上,形成了以胡杨、沙枣、柽柳、苦豆子及甘草等为主的现代荒漠河岸绿洲(见图 1-5),额济纳绿洲的植被,是以地下水为主要耗水来源的天然植物群落,既是我国第二大胡杨林生长地,同时也是阻挡风沙进入我国内陆的第一道绿色天然屏障。

图 1-5 下游河道边天然绿洲(河道已干涸)

1.2 气候与水文

1.2.1 气候

黑河流域位于欧亚大陆腹地,远离海洋,为典型的大陆性季风气候,流域气候特点具有明显的水平分带差异。上游山区属于青藏高原中温带亚干旱区,气候寒冷阴湿,由于高山深谷,地势反差大,降水、气温具有垂直分带性。多年平均气温 -3.1 ~3.6 ℃,最低可达 -28 ℃,日照时数较短。祁连山区降水较为丰沛,主要来源于西南季风,年降水量一般为 250 ~500 mm。

中游走廊平原为温带干旱区,平均气温为 6 ~8℃,无霜期 150 ~170 d,年降水量在 110 ~370 mm,年蒸发能力为 1 200 ~2 200 mm(E601 蒸发皿,下同),本地区气候条件具有发展农业、林业和牧草业的条件,黑河水资源为张掖地区农业发展提供了天然便利条件,自古以来就是重要的灌溉农业区,享有“金张掖”的美称。

下游额济纳盆地,多年平均气温在 8 ~10 ℃,极端最低气温在 -30 ℃以下,极端最高气温超过 40 ℃,年日照时数 3 446 h,无霜期 120 ~140 d,年均降水量为 40 ~50 mm,最少年份仅 17 mm;年蒸发能力高达 2 200 ~2 400 mm,气候非常干燥,干旱指数达 47.5,属极端干旱区,风沙危害十分严重,为我国北方沙尘暴的主要来源区之一[1]。下游植被主要以荒漠草场为主,是传统的牧业区。

1.2.2 水文

黑河流域河流都发源于祁连山区,主要支流有黑河(干流)、山丹河、洪水河、梨园河、摆浪河、马营河、丰乐河、红水坝河和讨赖河等35条河流,其中集水面积大于100 km^2 的河流有18条。

随着支流水利工程的建设,水资源开发利用规模的扩大,各河流均被引流灌溉或修建水库,使部分支流已与干流失去地表水水力联系,形成西、中、东3个独立的子水系。

西部子水系包括讨赖河、洪水河等,归宿于金塔盆地,面积2.1万 km^2。讨赖河是西部子水系中最大的河流,干流发源于祁连山北麓托来山,自上而下流经青海、甘肃两省的祁连县、肃南县、嘉峪关市、酒泉市肃州区和金塔县。河源至出山口讨赖峡冰沟以上为上游,面积6 883 km^2,多年平均径流量6.37亿 m^3,上游是讨赖河的产流区。讨赖峡冰沟以下至夹山峡鸳鸯池为中游,河出祁连山,首先穿过嘉峪关市所在的山间小盆地——赤金盆地,继而进入酒泉盆地,成为嘉峪关市和酒泉市的重要水源。夹山峡鸳鸯池以下为下游,20世纪70年代以前,讨赖河尚有水自正义峡以下汇入黑河干流,后来随着鸳鸯池水库扩建和解放村水库建成,以及用水量的增加,讨赖河与黑河干流脱离水力联系,河水被本流域全部引用并最后消耗于金塔盆地。

中部子水系包括马营河、丰乐河等,归宿于高台盐池－明花盆地,面积0.6万 km^2。

东部子水系即黑河干流水系,包括黑河干流、梨园河及20多条沿山小支流,面积11.6万 km^2,干流水系主要支流径流特征见表1-1。

表1-1 黑河干流水系主要支流径流特征

河流	水文站	流域面积(km^2)	径流量(亿 m^3)
黑河干流	莺落峡	10 009	15.8
梨园河	梨园堡	2 240	2.43
洪水河(民乐)	上湾村	578	1.23
马营河(山丹)	李家桥水库	1 143	0.74
大诸马河	瓦房城	217	0.89
摆浪河	高台新地	211	0.4
大磁窑	甘浚	220	0.11
大野口	花寨子	102	0.14
海潮坝	顺化	146	0.48
小诸马河	新添	101	0.19
童子坝河	扁都口	331	0.64

黑河干流在上游山区分为东西两岔,东岔河名为俄博河,又名八宝河,发源于俄博河滩的锦阳岭,自东向西流,河长101 km,流域面积2 452 km^2;西岔河名为野牛沟,发源于"五河之源"的团结峰,自西北向东南流,河长182 km,流域面积4 589 km^2。东西两岔在黄藏寺汇合,折向北流至莺落峡出祁连山,进入甘肃省张掖盆地,在张掖城西北约10 km

处接纳山丹河、民乐河折向西北，沿途经临泽县、高台县纳梨园河、摆浪河，最后于正义峡穿越走廊北山进入下游，在鼎新与讨赖河汇合(目前无地表水汇入)，进入额济纳盆地，在额济纳盆地内的总流长约 240 km，黑河在盆地内的狼心山分为东、西两个支流(河)，东河称为"达西敖包河"，西河称为"穆林河"，分别流向盆地北部的东居延海(索果淖尔)、西居延海(嘎顺淖尔)，即黑河的尾闾。

黑河干流全长 821 km，其中上游全长 303 km，流域面积 1 万 km^2；中游河道长 185 km，流域面积 2.56 万 km^2；下游河道长 333 km，流域面积 8.04 万 km^2。

1.2.3　流域水资源

黑河流域出山口多年平均径流量 36.34 亿 m^3，地下水资源与河川径流不重复量 3.99 亿 m^3，天然水资源总量 40.33 亿 m^3。1999 年社会经济各部门总用水量 45.28 亿 m^3，总耗水量 28.48 亿 m^3，分别相当于流域水资源总量的 112% 与 71%。在社会经济用水总量中，农田灌溉用水 36.04 亿 m^3，占社会经济各部门总用水量的 80%。

中西部子水系出山口多年平均径流量 11.59 亿 m^3，地下水资源与河川径流不重复量 0.66 亿 m^3，流域总水资源量 12.25 亿 m^3。截至 1999 年，中西部子水系流域内建成水库 44 座(其中平原水库 37 座)，总库容 2.46 亿 m^3，兴利库容 2.05 亿 m^3；建成干、支、斗渠道工程 2 635 条，总长 4 219 km。鸳鸯池水库位于讨赖河干流下游夹山峡处，是一座以灌溉为主的大(Ⅱ)型水库，总库容 1.05 亿 m^3，解放村水库位于鸳鸯池水库下游 44 km 处，是为调蓄鸳鸯池水库弃水而修建的一座中型水库，总库容 0.39 亿 m^3，有效库容 0.30 亿 m^3；鸳鸯池水库和解放村水库联合运用，调蓄控制讨赖河上中游来水，供给金塔盆地生活、工业及 53 万亩[1]灌区用水。引蓄讨赖河水的还有嘉峪关市的大草滩注入式水库，主要向酒泉钢铁基地供水，总库容 0.64 亿 m^3，有效库容 0.59 亿 m^3。1999 年流域社会经济总用水量 13.82 亿 m^3，相当于流域水资源总量的 113%；其中农田灌溉用水 11.39 亿 m^3，占社会经济总用水量的 82.4%。1999 年社会经济总耗水量 10.71 亿 m^3，已达流域水资源总量的 87.4%。

干流水系出山口多年平均径流量 24.75 亿 m^3，其中干流莺落峡站 15.80 亿 m^3，梨园河梨园堡站 2.37 亿 m^3，其他沿山支流 6.58 亿 m^3；地下水资源与河川径流不重复量 3.33 亿 m^3，流域水资源总量 28.08 亿 m^3。截至 1999 年，干流水系流域建成草滩庄、大墩门拦河引水枢纽两座；大中小型水库 58 座(其中平原水库 40 座)，总库容 2.55 亿 m^3；引水工程 66 处，引水能力 268 m^3/s；机电井 6 149 眼，年提水量 3.02 亿 m^3；总灌溉面积 392 万亩，其中万亩以上灌区 24 处。1999 年社会经济各部门总用水量 31.46 亿 m^3，相当流域水资源总量的 112%；其中农田灌溉用水 24.65 亿 m^3，占总用水量的 78%。从用水量的地区分布看，主要集中在中游，中游各部门总用水量 25.98 亿 m^3，占全流域总用水量的 83%。1999 年社会经济各部门总耗水量 17.77 亿 m^3，占流域水资源总量的 63%；其中农田灌溉耗水量 12.54 亿 m^3，占总耗水量的 71%。

1.2.4　社会经济

黑河流域自上游至下游居延海，分别流经青海省的祁连县，甘肃省的肃南、山丹、民

---

[1] $1hm^2$ = 15 亩

乐、张掖、临泽、高台、金塔县(市)和内蒙古自治区的额济纳旗,共9个县(旗、市)。据统计,全流域1999年总人口200.19万人,其中城镇人口56.36万人,农业人口143.83万人,分别占总人口的28%和72%;耕地551.35万亩,农田灌溉面积428.27万亩,林草灌溉面积122.43万亩;牲畜358万头(只),粮食总产量132.07万t,人均粮食660 kg,国内生产总值106.65亿元,人均GDP 5 327元。

黑河干流水系所属区域内1999年人口133.81万人,其中农业人口110.75万人;耕地412.93万亩,农田灌溉面积306.54万亩,林草灌溉面积85.55万亩;牲畜254万头(只),粮食总产量103.94万t,人均粮食777 kg,国内生产总值63.12亿元,人均GDP 4 717元。

黑河上游地区包括青海省祁连县大部分和甘肃省肃南县部分地区,以牧业为主,人口5.98万人,耕地7.69万亩,农田灌溉面积6.06万亩,林草灌溉面积2.70万亩,牲畜86.45万头(只),粮食总产量1.04万t,人均粮食174 kg,国内生产总值3.53亿元,人均GDP 5 903元。

中游地区包括甘肃省的山丹、民乐、张掖、临泽、高台等县(市),属灌溉农业经济区,人口121.20万人,耕地390.87万亩,农田灌溉面积289.38万亩,林草灌溉面积44.95万亩,牲畜143.28万头(只),粮食总产量99.29万t,人均粮食819 kg,国内生产总值55.98亿元,人均GDP 4 619元。

下游地区包括甘肃省金塔县部分地区和内蒙古自治区额济纳旗,人口6.63万人,耕地14.37万亩,农田灌溉面积11.10万亩,林草灌溉面积37.90万亩,牲畜23.85万头(只),粮食总产量3.61万t,国内生产总值3.61亿元。其中金塔县鼎新片为灌溉农业经济区,人口5.01万人,农田灌溉面积9万亩,林草灌溉面积5万亩,牲畜7.25万头(只),粮食产量3.42万t,人均粮食682 kg,国内生产总值2.35亿元,人均GDP 4 691元;额济纳旗以荒漠牧业为主,人口1.62万人,农田灌溉面积2.10万亩,林草灌溉面积32.9万亩,牲畜16.6万头(只),粮食产量0.19万t,人均粮食117 kg,国内生产总值1.26亿元,人均GDP 7 778元[1]。

第 2 章　地质、水文地质条件

2.1　地质条件

2.1.1　地质构造

祁连山区是地质构造强烈上升带，属于北祁连向斜褶皱带中的北祁连西部中间隆起，北部北山区属阿拉善台隆。中生代以前，许多大的构造运动已形成基本构造骨架。中新生代以来，祁连山继续强烈上升，进入了以强烈的差异性断块为主的构造运动发展时期，主要表现为地壳上升和相对沉降，走廊盆地相对下降，在上升和沉降过渡带形成一系列的褶皱与断裂。一系列北东、北西向大断裂和沿断裂所产生的断块差异，将黑河流域分割成规模不等的构造——地貌单元，这种断块的差异性升降，形成了祁连山及众多小型山间盆地、走廊南北串珠状盆地及北部山区，中游为张掖盆地和酒泉盆地（称为南部盆地），下游为额济纳盆地（称为北部盆地）。祁连山区是中下游盆地松散碎屑物质的主要来源区。

中游盆地与南部祁连山和北部北山以叠瓦型的大型逆冲隐伏断裂接触，盆地具有山间断陷特征。由于晚更新世以来新构造运动上升和下降的不均匀性，相邻盆地间一般以隆起而分割，如张掖盆地与山丹盆地间的永固隆起，张掖盆地与酒泉东盆地间的榆木山－高台隆起。张掖和酒泉东盆地地质构造剖面如图 2-1 所示。

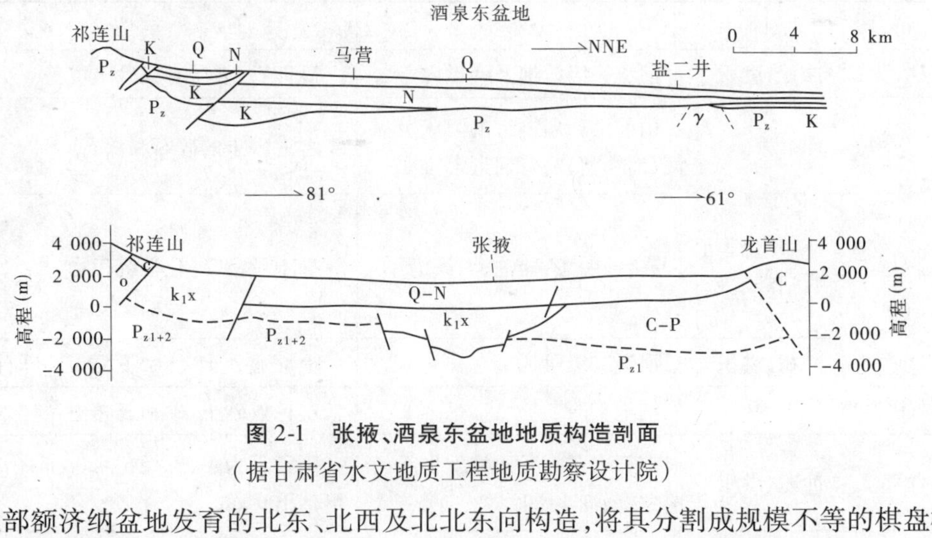

图 2-1　张掖、酒泉东盆地地质构造剖面

（据甘肃省水文地质工程地质勘察设计院）

北部额济纳盆地发育的北东、北西及北北东向构造，将其分割成规模不等的棋盘格式地块，凹陷与隆起相间分布。在北部盆地，南侧为断层接触，东侧与巴丹吉林沙漠也为断层接触，北、西两侧与山体之间为山足面接触。

在中游南部盆地，由于祁连山的强烈上升，升幅达千余米，在一些河谷的两岸形成了

Ⅴ—Ⅵ级阶地，相对高差达 10 余米。北山地区上升缓慢，升幅达百米。走廊平原区属于沉降地带，为第四纪沉积物形成提供了良好的场所，因此南部盆地第四系地层发育，沉积了巨厚的第四系，厚度 100 ~ 1 000 m。

在北部盆地，第四纪以来区域地壳比较稳定，额济纳平原是缓慢隆起带内的沉降区，相对沉降幅度不大，但不均匀。第四纪松散层沉积物主要来源于南部盆地，第四系厚度相对较薄，沉积物颗粒较细。盆地中心地带地势低洼，地面高程 890 ~ 910 m。

流域内地层出露较全。前第四系主要分布于祁连山和北山地区，祁连山区主要出有第三系（N）、白垩系（K）、侏罗系（J）、二叠系（T）、三叠系（P）、石炭系（C）、泥盆系（D）、志留系（S）、奥陶系（O）、震旦系（Z）、前震旦系（AnZ）以及华力西期和加里东期火成岩类。北山地区主要分布有第三系（N）、白垩系（K）、侏罗系（J）、石炭系（C）、震旦系（Z）以及华力西和加里东期花岗岩类。

在盆地内前第四系地层构成基底，主要为下古生界以前的变质岩和火成岩，侏罗系至上古生界碎屑岩，第三系、白垩系以泥岩为主的细粒岩。地层岩性主要为前古生界—中新生界的砂岩、砾岩、泥页岩、灰岩和板岩，已经不同程度变质。大部分地区基底为第三系或白垩系地层[3-5]。

2.1.2　第四纪分布特征

黑河流域中下游盆地内广泛分布着第四纪地层，依其时代和成因分为下更新统冲洪积物（Q_1^{pl}）、冰水沉积物（Q_1^{fgl}）；中更新统冰水、冲洪积物（Q_2^{fgl-pl}）；上更新统冲洪积物；全新统冲洪积物、湖积 - 化学沉积物、风积物等（Q_4^{al-pl}、Q_4^{1-h}、Q_4^{eol}）。第四纪堆积物主要为河湖相碎屑沉积，大部分由河流从南部山区搬运而来。第四系地层见表 2-1。

表 2-1　黑河流域中下游盆地第四系地层[6]

统	符号	成因	分布	岩性
全新统	Q_4^{1al-pl}	冲积、洪积	河流一级阶地及河漫滩	砾卵石，表层有亚砂土覆盖
	Q_4^{2pl}	洪积	山前洪积扇群带的河床及黑河、诸马河、马营河近期堆积	含亚砂土的碎石和块石
	Q_4^{eol} Q_4^{h} Q_4^{ch}	风积、化学沉积、沼泽沉积	高台、明海、盐池、黑河沿岸	砂土及沼泽，化学沉积物
	Q_4^{1al-pl}	冲积、洪积	河流二级阶地	上部亚砂土夹砂，下部为砂砾石和砂
上更新统	Q_3^{3eol}	风积	细土平原	黄色亚砂土，砂和亚黏土
	Q_3^{3al-pl}	冲积、洪积	南部山前、洪积扇及北部山前戈壁、细土平原等	砾卵石为主，砾径 6 ~ 20 cm，山前漂砾可达 100 cm
	Q_3^{2eol}	风积	五、六级阶地顶部	黄土状土

续表 2-1

统	符号	成因	分布	岩性
上更新统	Q_3^{2al-pl}	冲积、洪积	平原区及山前五、六级阶地顶部、山前洪积扇、北部山前戈壁、细土平原	砂卵石，松散，砾径 5 ~ 20 cm，最大 50 cm，砂和亚砂土充填，分选、磨圆性均差
中更新统	Q_2^{fgl-pl}	冰水沉积、洪积	山前台地出露、盆地内埋深 30 ~ 250 m	微胶结的砾卵石，含亚黏土、亚砂土和砂，砾径 5 ~ 10 cm，磨圆、分选性均好
下更新统	Q_1^{fgl-pl}	冰水沉积、洪积	出露于祁连山前，呈丘陵或台地基座，盆地南半部埋深 196 ~ 280 m	厚层状砾石，偶夹砂砾石、砂岩及泥砾、泥钙质胶结，砾径 5 ~ 10 cm，最大 20 cm，次棱角至次圆状
	Q^{al-l}	冲积、湖积	出露于北部合黎山前，呈残丘或台地、盆地，中部北部伏于中上更新统之下，埋深 100 ~ 300 m	上部灰黄色砂质泥岩夹粗砂岩，具交错层理，中部灰黄色砂砾岩夹砂岩，下部灰兰色砂质泥岩，砾径 2 ~ 5 cm，最大 10 cm，磨圆、分选性均佳

中下游盆地中的第四系厚度分布很不均匀，在中游酒泉东盆地的南部，第四系厚度可达 1 000 m，岩性为砂砾卵石、砂砾石，向北逐渐变为砂及亚砂土互层；北部第四系厚度不到 100 m，以砂及亚砂土细颗粒地层为主。在张掖盆地，南部祁连山前第四系岩性为单一的厚层状砾卵石及砂砾石，厚度一般 500 ~ 900 m，北部 400 ~ 600 m。北山山前第四系地层岩性为砂、砂砾石以及砂碎石等，厚度 200 ~ 300 m；中部细土平原地带，第四系厚度一般小于 100 m，第四系地层岩性为细砂、粉砂、砂砾石等。在下游额济纳盆地，第四系厚度一般为 50 ~ 500 m，自南向北渐薄。

2.2　水文地质条件

受地质构造和地形地貌的控制，黑河流域不同地质单元的水文地质条件各异，地质、地貌、气候和第四系地层分布，均具有明显的分带性，以至于地下水赋存和分布也具有明显的分带特征。

根据流域地下水的赋存条件和水动力特征，流域地下水可分为基岩裂隙水、碎屑岩类裂隙 - 孔隙水和松散岩类孔隙水。

2.2.1　山区水文地质条件

2.2.1.1　基岩裂隙水

受地质构造和区域气候的控制，流域周围的山区广泛分布有基岩裂隙水。南部祁连山区构造裂隙发育，由于山区降水量大，基岩裂隙水丰富，矿化度（*TDS*）低；而在北部山区，由于降水量非常小，基岩裂隙水贫乏，矿化度高，对流域盆地地下水补给意义不大。

在祁连山区基岩裂隙水主要分布于 3 800 m 以下的中高山区，含水层岩性为古生界至中新生界的浅变质岩和碎屑岩，受构造和裂隙发育程度的影响，各地段岩层的富水性极不均一，单泉流量 0.01 ~ 12 L/s，集中出露于裂隙发育的构造破碎带。在走廊北山（龙首山、合黎山和马鬃山）基岩裂隙水贫乏，仅在大断裂或局部变质岩和岩浆岩的强烈风化段存在矿化度较高的裂隙水，单井出水量一般小于 10 m^3/d。

2.2.1.2　碎屑岩裂隙 - 孔隙水

在祁连山区，碎屑岩裂隙—孔隙水主要分布于上古生界至新生界地层，岩性主要为砂岩、砾岩、砂泥岩和泥岩。二叠系 - 侏罗系裂隙 - 孔隙水主要分布于中高山区，单泉流量 0.01 ~ 0.2 L/s，水质较差。白垩系 - 第三系裂隙 - 孔隙水主要分布于祁连山山前带，富水性较差。下更新统裂隙 - 孔隙水主要分布于山前褶皱隆起带，富水性较差。

在走廊北山，裂隙 - 孔隙水主要分布在侏罗系、白垩系和第三系中砂砾岩、砂岩和泥岩中，孔隙、裂隙极不均匀，由于降水稀少，富水性差，单井出水量小于 100 m^3/d。走廊北山同时构成隔水层，阻隔中游盆地地下水侧向流入下游盆地。

2.2.1.3　孔隙水

在祁连山区，孔隙水主要分布于山间断陷盆地，含水层岩性主要为泥质砂砾石和砂砾卵石，含水层厚度在 100 m 左右，地下水位埋深一般为 1 ~ 8 m，富水性较弱至中等。

在走廊北山，孔隙水主要分布于各冲沟沟谷中，呈股状不均匀分布，在中高山区的沟谷中，含水层厚度 4 ~ 10 m，岩性为第四纪砾石和卵石，水位埋深 1 ~ 2 m，单井涌水量 5 ~ 350 m^3/d。低山丘陵沟谷中，含水层厚度 2 ~ 6 m，岩性为第四纪砾石和卵石，水量贫乏，单井涌水量小于 100 m^3/d，水质较差。

2.2.2　盆地水文地质条件

流域盆地多为冲洪积平原和细土平原，分布巨厚的第四纪松散沉积物。中游盆地的第四纪地层厚度最大可达 1 000 m，向北厚度逐渐减小。下游北部盆地第四系沉积物厚度一般在 50 ~ 500 m，自南向北逐渐变薄。南、北盆地基底均为第三系和白垩系地层。

2.2.2.1　中游盆地

中游盆地主要包括张掖盆地和酒泉东盆地。

2.2.2.1.1　张掖盆地

盆地的南缘与祁连山北缘以断层接触，见图 2-2，这个压性断裂带连同祁连山北麓中新生界褶皱一起构成一条阻水屏障，使祁连山区的地下径流很难直接进入盆地；北缘与走廊北山和东侧与大马营盆地均以断层接触，西侧与酒泉东盆地接壤，榆木山—高台隐伏隆起构成张掖盆地与酒泉东盆地的分界。

受构造和地貌的制约，盆地第四纪含水层的空间变化很大，总的规律是自山前至盆地内部含水层的厚度逐渐变大，颗粒渐细，由岩性比较均匀且粒度较粗的单一潜水含水层逐渐变为砂层、黏性土层相间的潜水 - 承压水多层含水层。含水层的厚度以盆地中部为最大，可达 500 ~ 1 000 m，向南北两侧渐薄，递变为 100 ~ 200 m。根据地下水埋藏条件，张掖盆地南部地下水为单层结构潜水系统和北部为多层结构潜水 - 承压水系统。

祁连山山缘至冲洪积扇扇缘，主要为单一含水层结构的潜水系统。扇群带的地下水，受构造、地貌的控制，水位埋深变化剧烈，总的趋势，自山前至盆地内部，地下水埋藏深度逐渐变浅，并在北部细土平原区泉水出露。山前洪积扇顶部地带，地下水埋深大于 200

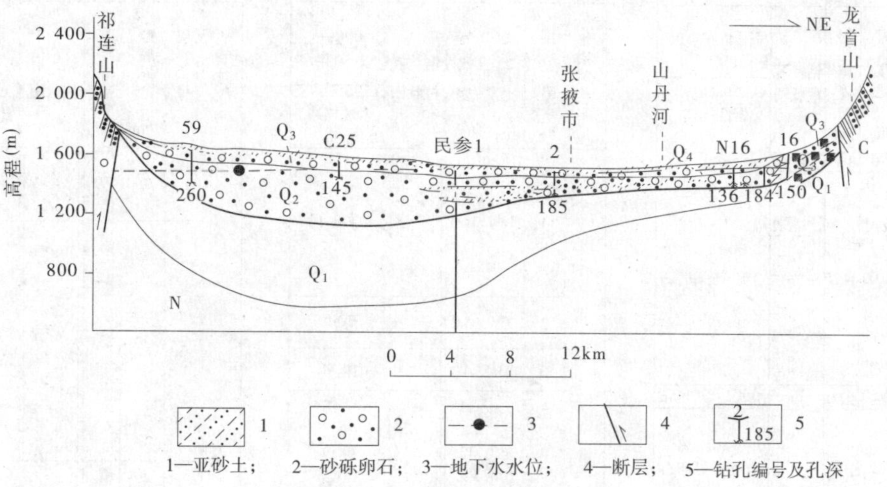

图 2-2　张掖盆地水文地质图[3,5]

m，最大达 500 m，含水层岩性主要为粗颗粒的砂砾卵石，渗透系数为 100 ~ 400 m/d；扇中地带，地下水埋深一般为 50 ~ 100 m，含水层岩性主要为砂砾石和中粗砂；扇缘地带，含水层颗粒逐渐变细，地下水水位埋深逐渐变浅，地下水埋深一般仅 10 ~ 20 m，在张掖—临泽一带，地下水以泉水形式溢出，含水层结构由单一潜水系统逐渐变为多层结构潜水 - 承压水系统[4,6]。山前冲洪积扇地层柱状图见图 2-3(a)。

在泉水溢出带以下的细土平原地带，含水层系统为多层结构的潜水 - 承压水系统，上部为潜水，下部为承压水，各含水层之间没有稳定的隔水岩层，存在一定的水力联系。含水层岩性主要以亚砂土、亚黏土和砂砾石互层为主，含水层单层厚度 20 ~ 30 m，第一承压含水层顶板埋深在 10 m 以上，承压水头一般高于潜水位 1 ~ 2 m，并随着顶板埋深的增加而水头增高。细土平原地层柱状图见图 2-3(b)、(c)。

溢出带及细土平原区，地下水埋深一般小于 5m，在细土平原的沟壑和洼地，有成片泉水出露，见图 2-4。在临泽的农场—小屯一带承压水为自流井，地下水水位高出地表 0. 5 ~ 3 m，见图 2-5。

在扇缘地带黑河河床附近，在 140 m 深度以内黏性土层缺失，为单一岩性的含水层，隔断了细土平原北半部承压水区，而使张掖与临泽形成两个各自独立的承压水地段，如图 2-6剖面图所示。

张掖盆地的富水区主要分布在黑河—梨园河洪积扇中下部，单井(降深 5 m)涌水量大于 5 000 m^3/d；祁连山前洪积扇群带和黑河沿岸，单井涌水量在 3 000 ~ 5 000 m^3/d；细土平原，单井涌水量在 1 000 ~ 3 000 m^3/d。

2. 2. 2. 1. 2　酒泉东盆地

酒泉东盆地南部与祁连山断层接触，东侧与张掖盆地相接，西部以嘉峪关断裂和文珠山隆起为界，与酒泉西盆地接壤。

酒泉东盆地地下水埋藏条件、含水层结构与张掖盆地基本相似，冲洪积扇缘以南为单层结构潜水系统，北部为细土平原多层结构潜水 - 承压水系统，见图 2-7。

(a)

成因时代	层号	层底厚度 (m)	岩层厚度 (m)	钻孔柱状图	山前冲积扇 岩性描述
Q_3	1	3.90	3.90		亚砂土
	2	48.00	44.10		含泥砂砾卵漂石
	3	50.50	2.50		含泥砂砾卵漂石
	4	79.20	28.70		含泥砂砾卵石
Q_2	5	86.20	7.00		泥质砂砾卵石
	6	98.00	11.80		砂砾卵漂石
	7	103.00	5.00		含泥砂砾卵漂石
	8	144.00	41.00		含泥砂砾卵漂石
	9	149.00	5.00		砂砾卵漂石
	10	169.00	20.00		含泥砂砾卵漂石
	11	197.00	28.00		砂砾卵漂石
	12	209.00	12.00		含泥砂砾卵漂石
	13	212.00	3.00		泥质砂砾卵漂石
	14	260.37	48.37		含砂砾质卵漂石

(b)

地质时代	层号	层底厚度 (m)	岩层厚度 (m)	钻孔柱状图	古寨村观测井 岩性描述
第四系	1	1.40	14.0		亚砂土
	2	19.0	5.0		砾砂
	3	23.0	4.0		中粗砂
	4	35.0	12.0		砾砂
	5	43.0	8.0		黏土
	6	47.0	4.0		砾砂
	7	50.0	3.0		黏土
	8	56.0	6.0		卵石
	9	57.5	1.5		黏土
	10	61.5	4.0		中粗砂
	11	64.0	2.5		黏土
	12	73.0	9.0		卵石
	13	74.5	1.5		黏土
	14	84.0	9.5		中粗砂
	15	93.0	9.0		黏土夹砂
	16	100.0	7.0		卵石
	17	104.0	4.0		黏土夹砂
	18	110.0	6.0		卵石

(c)

地质时代	层号	层底厚度 (m)	岩层厚度 (m)	钻孔柱状图	蓼泉村观测井 岩性描述
第四系	1	7.0	7.0		粉土
	2	30.0	23.0		粉细砂
	3	71.0	41.0		砾砂
	4	75.0	4.0		黏土
	5	81.0	6.0		砾砂
	6	87.0	6.0		卵石
	7	91.5	4.5		黏土
	8	99.0	7.5		卵石
	9	103.0	4.0		黏土
	10	110.0	7.0		卵石

图 2-3　张掖盆地第四纪地层柱状图

图 2-4　细土平原区泉水出露(2004 年 4 月)

图 2-5　小屯一带承压水(自流)

酒泉东盆地南部山前冲洪积扇带,分布着中、上更新统 80 ~ 200 m 巨厚卵砾石含水层,渗透系数为100 ~ 400 m/d。在北部细土平原,含水层厚度仅 50 ~ 100 m,渗透系数为 10 ~ 80 m/d。盆地含水层的岩性自南向北,从西到东由卵石和砾石渐变为砂砾石、砂及粉砂,因而盆地南部、西部单一含水层透水性和富水性远比北部多层含水层大。细土平原多层含水层的岩性主要为砂砾石、中细砂、亚砂土和亚黏土,顶板埋深 10 ~ 15 m,为黏性土。酒泉东盆地地层柱状图见图 2-8。

山前地带,地下水埋深一般较大,最大可达 300 m,单井涌水量大于 5 000 m^3/d,地下水矿化度 *TDS* 一般小于 1 g/L,水化学类型大多为 HCO_3 型水。在戈壁带前缘,地下水埋

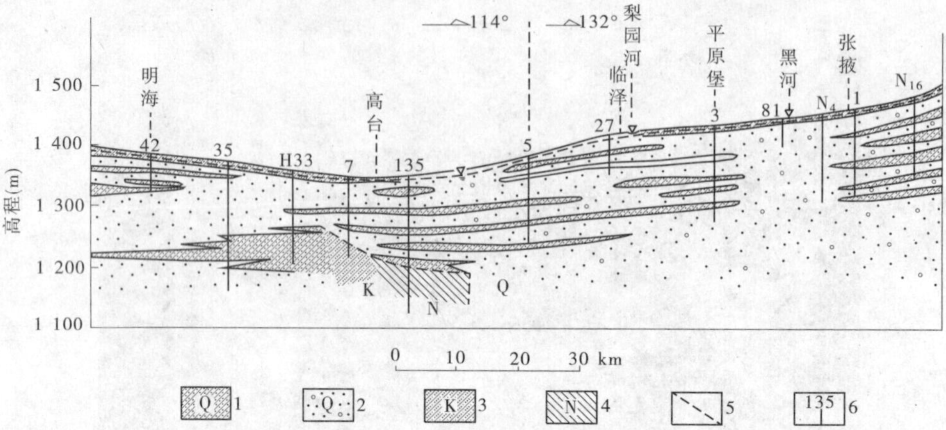

1—第四系亚砂土；2—第四系砂砾石；3—白垩系砂砾岩；4—第三系泥岩；5—断层；6—钻孔及编号

图 2-6 明海—临泽—张掖水文地质剖面

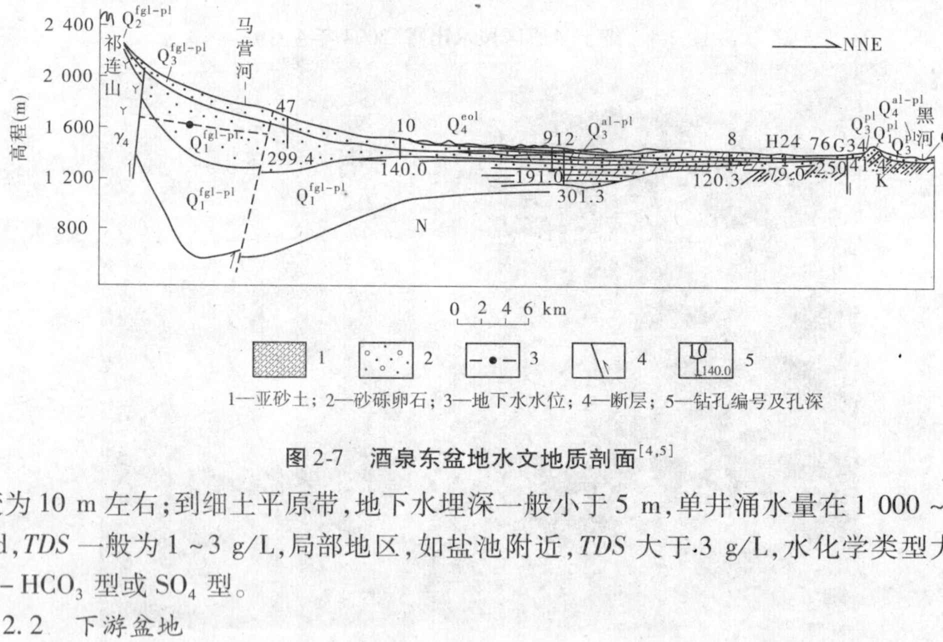

1—亚砂土；2—砂砾卵石；3—地下水水位；4—断层；5—钻孔编号及孔深

图 2-7 酒泉东盆地水文地质剖面[4,5]

深变为 10 m 左右；到细土平原带，地下水埋深一般小于 5 m，单井涌水量在 1 000 ~ 3 000 m^3/d，*TDS* 一般为 1 ~ 3 g/L，局部地区，如盐池附近，*TDS* 大于 3 g/L，水化学类型大多为 SO_4-HCO_3 型或 SO_4 型。

2.2.2.2 下游盆地

下游盆地包括鼎新盆地和额济纳盆地。

2.2.2.2.1 鼎新盆地

下游鼎新盆地，属金塔－花海子盆地的一个子盆地，为北东走向狭长形断陷盆地，含水层为冲洪积相卵砾石层，厚 100 ~ 160 m。南部合黎山将鼎新盆地与张掖盆地分割，两者间水力联系微弱；北部由地湾东梁隐伏隆起和东西两端基岩残丘与下游额济纳盆地分界，地湾东梁北缘—咸水井断裂为一活动断裂，使地湾东梁隆起，隆起南侧鼎新盆地地下水埋深较浅，一般为 3 ~ 10 m，而隆起北侧，额济纳盆地地下水埋深较大，一般大于 30 m，鼎新盆地的地下径流以地下跌水的形式进入额济纳盆地。

鼎新盆地地下水包括潜水和承压水两种类型。在鼎新盆地的黑河两岸狭长地带，含

(a)

成因时代	层号	层底厚度(m)	岩层厚度(m)	钻孔柱状图	位置 X=4 334 751 Y=17 533 864 岩性描述
Q_3	1	22.68	22.68		砂质砾卵石
	2	32.60	9.92		泥质砂砾石
	3	51.20	18.60		砂质砾卵石
Q_2	4	61.60	10.40		砂砾石
	5	80.46	18.86		砂质砾卵石
	6	141.20	60.74		砂砾卵石
Q_1	7	300.1	158.91		砂砾卵石

(b)

成因时代	层号	层底厚度(m)	岩层厚度(m)	钻孔柱状图	位置 X=4 389 150 Y=17 533 750 岩性描述
Q_3	1	1.50	1.50		粉砂
	2	5.95	4.45		细砂
	3	9.00	3.05		细中砂；亚砂土
	4	10.20	1.20		
	5	26.32	16.12		细粉砂，粉砂互层
	6	27.77	1.45		亚砂土
	7	30.60	2.83		粗中砂
	8	47.60	17.00		细粉砂，粉细砂互层
Q_2	9	53.12	5.52		亚黏土
	10	75.39	22.27		粉细砂夹亚砂土
	11	91.40	16.01		细砂，粉细砂互层
	12	96.00	4.60		亚砂土
	13	101.03	5.03		细砂
	14	116.98	15.95		亚黏土，粉细砂互层
	15	119.71	2.73		细砂
	16	120.31	0.60		亚砂土

图 2-8　酒泉东盆地钻孔柱状图

水层岩性主要以粉细砂夹砾石为主。

2.2.2.2.2　额济纳盆地

额济纳盆地位于黑河流域北部，盆地南与甘肃省鼎新盆地相邻，西以马鬃山剥蚀山地东麓为限，东接巴丹吉林沙漠，北抵中蒙边境。

额济纳盆地为中新生代断陷盆地，盆地第四纪松散沉积物的厚度 50 ~ 500 m，自南向北渐薄，盆地内部基底以侏罗系地层为主。在第四纪松散沉积物内广泛分布丰富孔隙水，含水层主要为中下更新统松散沉积物。自南向北，含水层岩性颗粒逐渐变细，含水层层次增多，地下水水位埋深变浅，富水性变差。

盆地中部狼心山—木吉湖北东向隆起带控制了盆地含水系统分布和岩相特征。长征站—赛汗桃来—额济纳旗一带第四系厚度达 200 m，赛汗桃来沉降中心厚度超过300 m；盆地东南部古日乃地区第四系厚度大于 150 m，中心含水层厚度 200 ~ 300 m[6]。盆地含水层厚度分布见图 2-9。

在额济纳盆地，以长征站—木吉湖—梭梭头一带为界，以南主要为单一的潜水，向北及向东逐渐过渡为双层或多层含水层——潜水 - 承压水系统。图 2-10 为额济纳盆地南北向水文地质剖面图[7]，图 2-11 为盆地东西向水文地质剖面图。

额济纳盆地南部为单一潜水含水层，含水层岩性主要为砂砾石或粗砂，厚度大于 70 m。向北至老西庙及木吉湖，含水层以中细砂为主。向北至赛汗桃来和额济纳旗，含水层为粉细砂或粉砂，至北端的居延海，含水层以粉砂和含泥粉细砂与黏土互层。盆地潜水埋深自南向北逐渐变浅，在盆地南部，狼心山以南，地下水埋深一般为 10 ~ 30 m，至老西庙、木吉湖一带由 5 ~ 10 m 变为 1 ~ 3 m。在索果淖尔苏木以北，潜水位埋深一般 3 ~ 5 m，黑河沿岸为 1 ~ 3 m。图 2-12 为额济纳盆地第四纪岩性柱状图。

北部居延海至中蒙边界一带，含水层组成以冲、洪积物为主，南部地区洪积和冲洪积物交叉堆积，岩性变化相对复杂，主要为砂、砂黏土、黏土，基底为砂岩、泥质砂岩，含水性较差。由南向北，含水层厚度由大变小，富水程度也由好变差。

在古日乃湖区一带，含水层主要为中细砂和粉细砂。古日乃地下水埋深一般小于 3 m，在地势低洼处泉水出露，见图 2-13。

在湖西新村、白墩东梁一带，为盆地冲洪积扇的顶部，地下水水量丰富，涌水量大于 3 000 m^3/d；向北至赛汗桃来和额肯查干牧场，以及向东至古日乃，涌水量为1 000 ~ 3 000 m^3/d；向北至额济纳旗城关和古日乃以西，涌水量较小，涌水量为 100 ~ 1 000 m^3/d。在盆地北部的八道桥和天鹅湖一带，地下水涌水量为 10 ~ 100 m^3/d。

盆地承压水广泛分布在盆地的北部，老西庙、闫家井及木吉湖、梭梭头一线以东和以北地区，相对隔水层主要由黏土、亚黏土组成，厚度为 5 ~ 15 m，分布稳定，顶板埋深一般 30 ~ 50 m 不等，含水层厚度一般为 100 ~ 200 m，含水层岩性在水平方向的变化与潜水一致，自南向北由砂砾石、粗砂、中细砂逐渐过渡到细砂、粉细砂。由南向北，亚黏土、亚砂土夹层增加，含水层厚度减小，含水层的富水性由强变弱。隔水层的分布在水平、垂直方向极不稳定，没有稳定的区域隔水层，潜水与承压水有一定的水力联系[7,8]，存在着由下向上的越流补给。

在黑河尾闾居延海一带，地势低洼，深层承压水水头最高可高出地面 1 m（自流），见

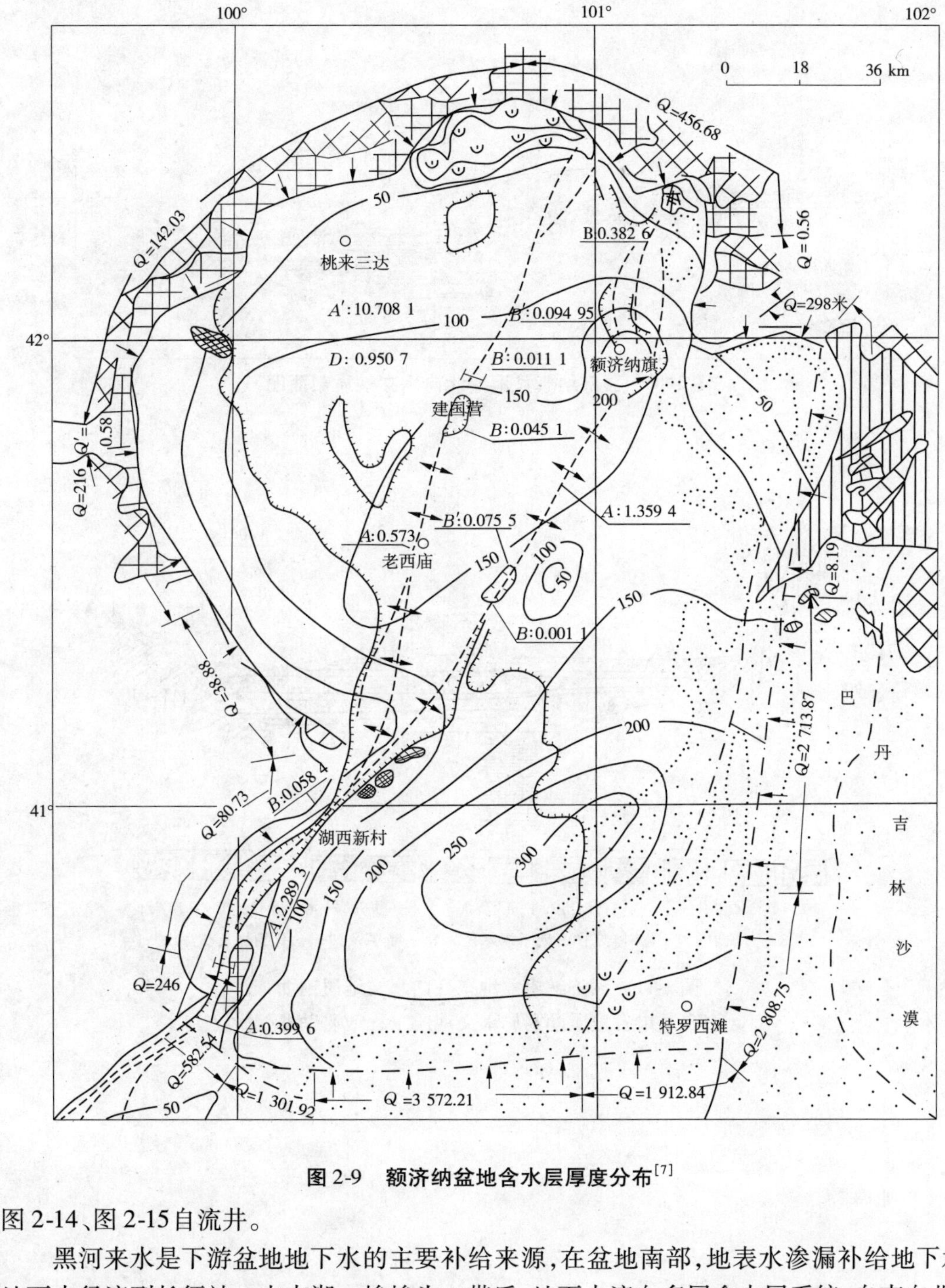

图 2-9　额济纳盆地含水层厚度分布[7]

图 2-14、图 2-15自流井。

黑河来水是下游盆地地下水的主要补给来源，在盆地南部，地表水渗漏补给地下水，地下水径流到长征站—木吉湖—梭梭头一带后，地下水流向多层含水层系统，自南向北流向居延海，并最终以蒸散发方式排泄。

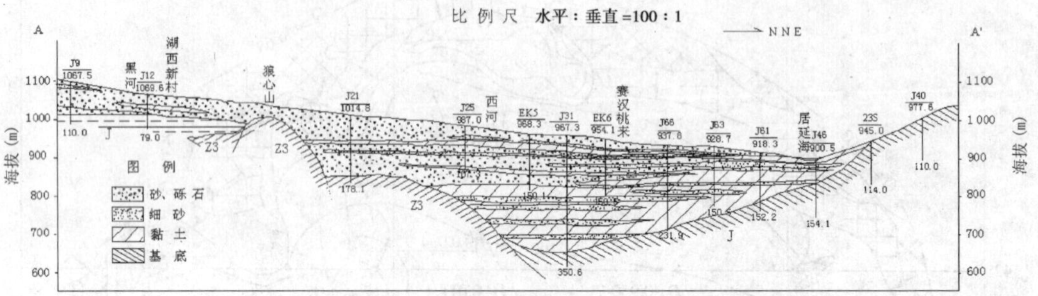

图 2-10　额济纳旗盆地南北向水文地质剖面图

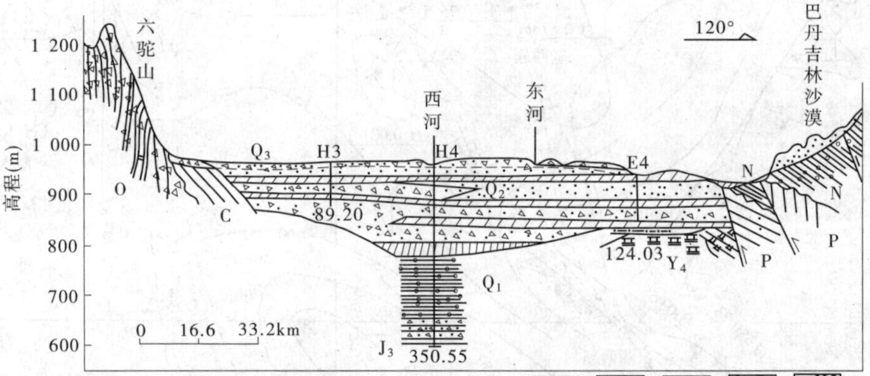

1—砂砾石；2—砂；3—黏性土；4—砂质泥岩；5—砂砾岩；6—砂岩；7—片麻岩；
8—大理岩；9—花岗岩；10—地下水水位；11—断层；12—钻孔编号及孔深(m)

图 2-11　额济纳旗盆地东西向水文地质剖面

（引自甘肃省地质勘察局水文地质工程地质勘察院）

地质时代	层号	层底厚度(m)	岩层厚度(m)	东风基地1号 岩性描述
Q_4	1	14.10	14.10	砂砾石
	2	18.65	4.55	黏土
	3	32.30	13.65	砂砾岩
	4	43.12	10.82	黄土层
	5	62.00	18.88	砂砾岩
	6	70.73	8.73	泥岩
	7	84.60	13.87	含碎石泥岩

地质时代	层号	层底厚度(m)	岩层厚度(m)	索果淖尔2号 岩性描述
Q_4	1	3.0	3.0	地表砂黏土
	2	9.5	6.5	细砂夹黏土
	3	27.0	17.5	黏土夹细砂
	4	32.5	5.5	细砂夹黏土
	5	38.2	5.7	黏土，砂石板
	6	44.8	6.6	中砂夹黏土
	7	60.3	15.5	黏土
	8	61.5	1.2	粗砂
	9	65.7	4.2	黏土
	10	67.1	1.4	粗砂
	11	77.8	10.7	黏土
	12	84.5	6.7	粗砂夹黏土
	13	87.5	3.0	黏土
	14	94.0	6.5	粗砂夹黏土
	15	109.5	15.5	黏土夹砂和砂石板
	16	114.5	5.0	粗砂
	17	119.3	4.8	黏土
	18	120.5	1.2	粗砂
	19	123.5	3.0	黏土

地质时代	层号	层底厚度(m)	岩层厚度(m)	巴彦桃来2号 岩性描述
Q_4	1	3.0	3.0	地表面砂黏土
	2	9.0	6.0	细砂夹0.2 m砂石板
	3	11.0	2.0	黏土
	4	18.8	7.8	细砂
	5	24.5	5.7	黏土夹0.2 m细砂
	6	29.1	4.6	细砂下为黏土
	7	32.5	3.4	细砂
	8	36.3	3.8	黏土下为细砂
	9	39.5	3.2	黏土
	10	49.5	10.0	中砂
	11	59.0	9.5	中砂上为黏土
	12	65.5	6.5	粗砂上为黏土
	13	69.0	3.5	黏土夹0.5 m砂石板
	14	82.0	13.0	粗砂夹黏土
	15	83.5	1.5	黏土
	16	97.5	14.0	粗砂夹黏土
	17	102.0	4.5	黏土上为砂石板
	18	104.0	2.0	粗砂
	19	120.2	16.2	黏土
	20	125.0	4.8	砂石板

图 2-12 额济纳盆地第四纪岩性柱状图

图 2-13　古日乃泉水出露处

图 2-14　西居延海自流井

图 2-15　东居延海自流井(骆驼泉)

第3章 流域水资源基本特征

3.1 流域水资源存在形式

黑河流域水资源的存在形式有4种:降水、冰川融水、地表水和地下水。这些水资源主要来源于祁连山区的大气降水,在高山区,降水凝结成雪与冰形成山区冰雪水资源;在中低山区和丘陵区,降水部分形成地表径流直接补给河流,部分入渗后成为山区地下水资源,最终通过深切的水文网排泄到沟谷成为地表水资源。地表径流出山后向流域中下游输送,沿途经历地表水与地下水的多次转化最后消失于终端湖泊居延海,这种水存在形式的变化受流域内的气候和人类活动影响的控制。

3.2 降水基本特征

3.2.1 水汽来源

黑河流域的水汽来源比较复杂,主要来自典型而强劲的东亚季风带来的太平洋水汽。首先在夏季,本区在太平洋暖湿气团边缘控制下,温湿多雨,5~9月的降水量可占年降水量的80%左右。盛夏期间印度洋的水汽,可随太平洋暖湿气团北进,沿青藏高原的东缘输入到我国西北地区的东部,受青藏高原环流的影响,形成了若干气压系统,其中对祁连山区降水影响较大的是张掖低压和柴达木热低压。其次张掖低压常与青藏高原东缘的北上气流相联系,在石羊河与黑河流域的交界处形成较多的降水。而受形成于柴达木盆地热力作用的柴达木热低压的影响,祁连山南侧则有较多而稳定的降水。第三,西风环流经长途跋涉带来的大西洋水汽进入我国新疆地区,进而影响黑河流域的西部。第四,北冰洋的水汽可借强劲的北风经由西伯利亚进入我国西北地区。冬季本区在内蒙古-西伯利亚冷高压控制下,晴冷少雪,这是由于进入本区的北风,风力大而稳定,含水量很少,难以形成较多降水的缘故[3]。

3.2.2 降水空间分布特征

黑河流域多年(1956~2000年)平均降水量等值线图见图3-1。从图中可以看出,由于受水汽来源和地形的影响,降水空间分布具有明显的规律:南部降水多,北部降水少。上游山区是流域降水量高值区,山区降水垂直变化明显,随海拔高程的增加而增加,山区东南年降水可达500 mm。从山区向中游平原区,降水量迅速递减,走廊平原年降水量在100~200 mm之间,北部下游年降水量平均小于50 mm。

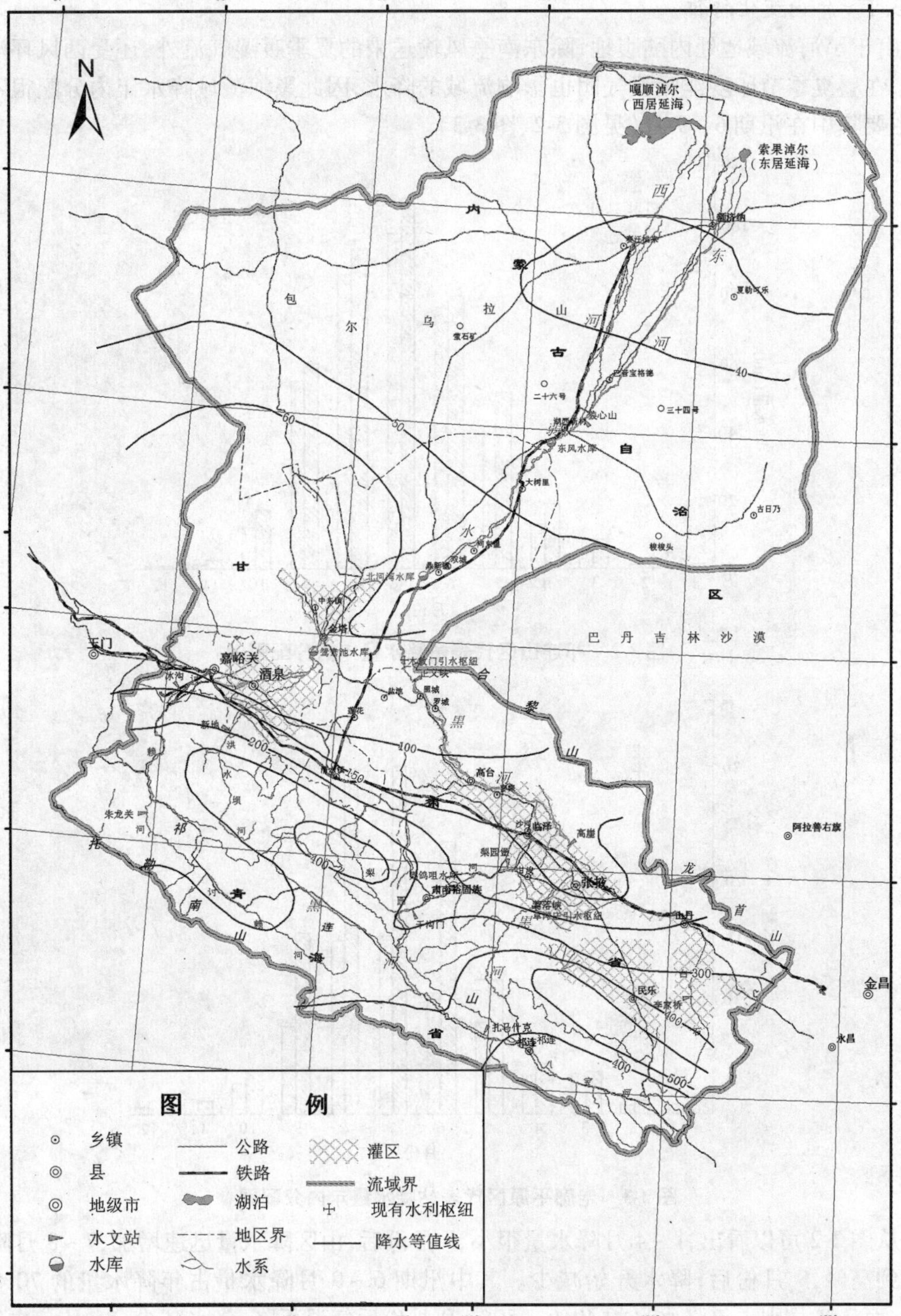

图3-1　黑河流域多年平均降水量等值线(1956～2000年)

3.2.3 降水动态变化特征

3.2.3.1 年内变化特征

由于黑河流域地处内陆腹地，除东南季风输送来的夏季暖湿气流外，还受西风环流的影响，在盛夏季节印度洋暖湿气团也影响流域的降水，因此黑河流域降水年内分配很不均匀，主要集中在汛期6～9月（见图3-2、图3-3）。

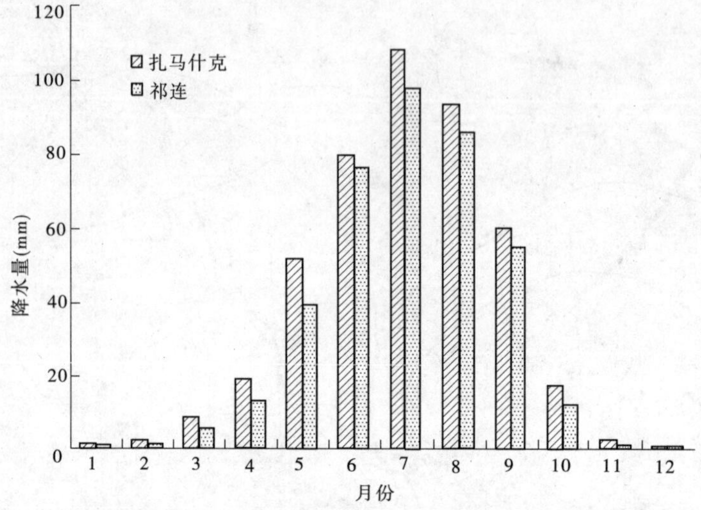

图3-2 祁连山区代表站降水量年内分配图

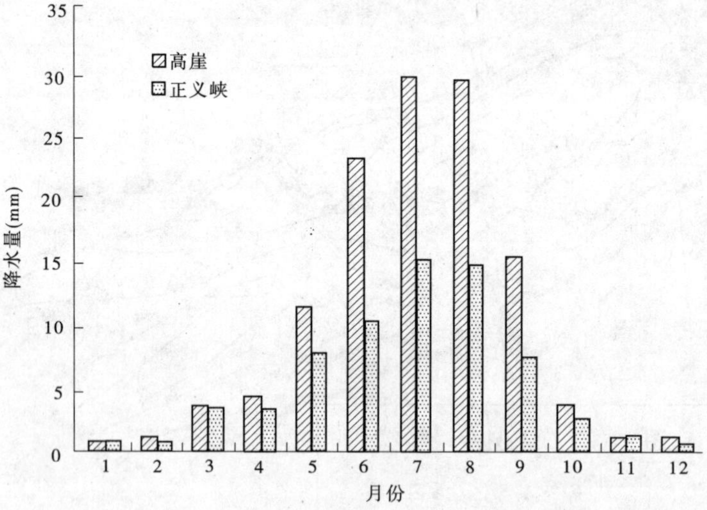

图3-3 走廊平原区代表站降水量年内分配图

从图3-2可以看出，1～4月降水量很小，5月份后，山区降水量迅速增加，7～8月降水量达到高峰，9月份后，降水开始减少。其中汛期6～9月降水量占年降水量的70%～80%，而7、8月则占年降水量的40%～50%，9月份后气温下降，降水减少，11月～次年3月，降水量很小，主要以降雪为主。

3.2.3.2　年际变化特征

流域不同区域降水量年际变化具有不同的变化特征，见图 3-4、表 3-1。流域最大、最小年降水量比在 1.9 ~ 5 之间，山区降水的 C_v 值明显小于平原区，如山区扎马什克站 C_v 值为 0.02，出山口莺落峡站为 0.039，而到中游盆地正义峡站则增大为 0.054；汛期 6 ~ 9 月降水 C_v 值小于非汛期 10 月 ~ 次年 5 月的 C_v 值。

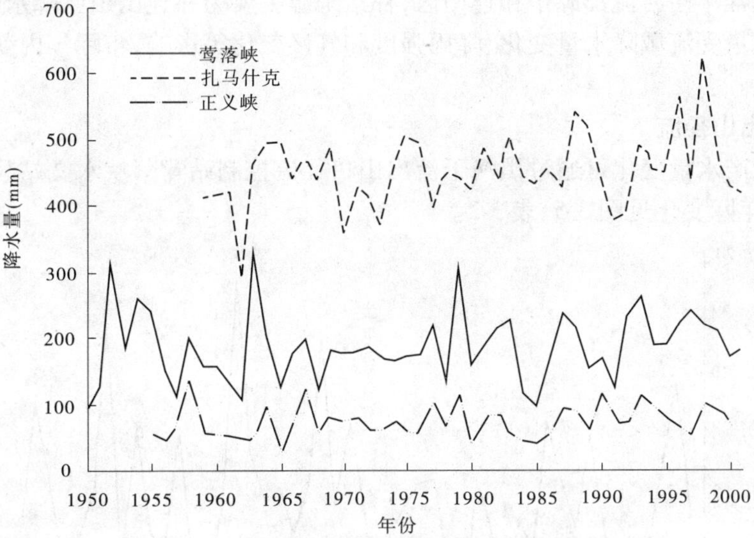

图 3-4　黑河流域代表站降水年际变化

表 3-1　黑河流域代表站降水量特征值　　　　（单位：mm）

代表站	地点	资料系列	平均值	最大	最小	C_v
扎马什克	山区	1958 ~ 2001 年	447.7	624.5	289.3	0.02
莺落峡	出山口	1954 ~ 2001 年	184.5	330.7	91.5	0.039
正义峡	中游	1951 ~ 2001 年	69.0	139.6	27.9	0.054

从流域降水的变化趋势看，山区降水近年呈增多变化趋势，而中游盆地降水基本较为稳定，呈周期性的变化。

3.3　冰川资源

黑河流域祁连山区山体高大，降水量大，海拔 4 400 ~ 4 700 m 以上发育现代冰川，据资料（王宗太等，1980），流域发育冰川 1 078 条，面积 420 km^2，估算冰川总储量达 136 亿 m^3。

1956 ~ 1976 年 21 年间祁连山冰川退缩强烈，其中东部冷龙岭地区的冰川退缩最强烈，平均每年退后 12.5 ~ 22.5 km^2，冰舌末端形态变化较大，形成了一些新的冰渍物，有的冰川发生解体。20 世纪 70 年代中后期，祁连山的冰川退缩幅度出现普遍减缓的变化趋势。

冰川融水是流域水资源重要的组成部分,据研究(陈隆亨、曲耀光,1992),黑河流域出山地表径流中冰川融水补给量平均占8%左右。

3.4　地表径流

黑河流域常年性河流都源于祁连山区,补给来源主要为祁连山山区降水和冰雪融水,因此山区径流量受流域降水量变化、降雨强度和气候变化等影响,年际年内变化呈明显的周期变化特征。

3.4.1　黑河出山径流

流域山区产水量变化可通过黑河干流出山口径流控制站莺落峡水文站径流变化来反映,其径流量年际变化见图3-5、表3-2。

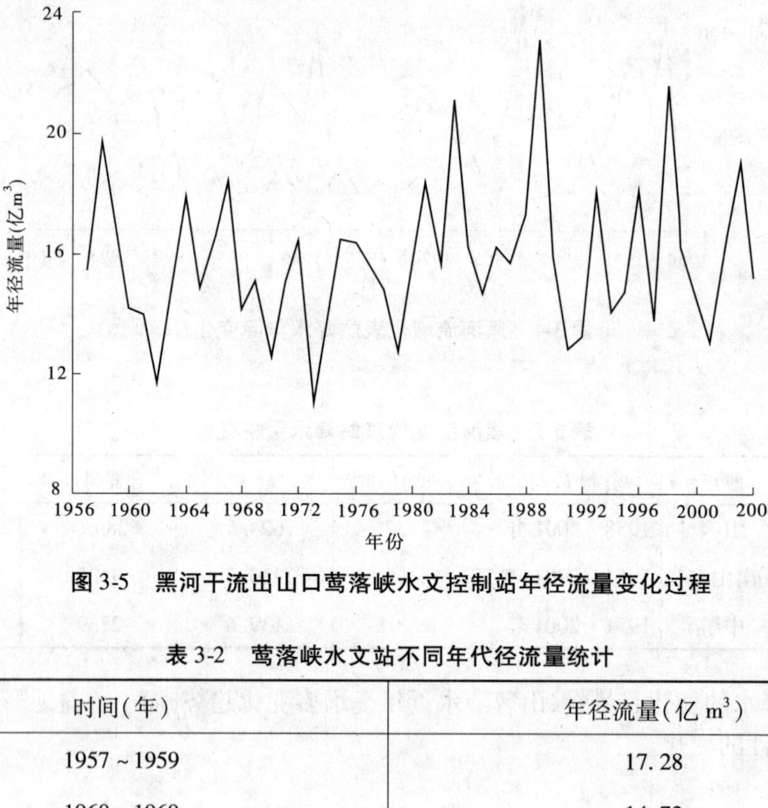

图3-5　黑河干流出山口莺落峡水文控制站年径流量变化过程

表3-2　莺落峡水文站不同年代径流量统计

时间(年)	年径流量(亿 m^3)
1957～1959	17.28
1960～1969	14.72
1970～1979	13.95
1980～1989	17.44
1990～1999	15.85
2000～2004	15.73
平均	15.62

莺落峡出山口多年(1957～2004 年)平均径流量为 15.62 亿 m^3,最大年径流量为 23.1 亿 m^3(1989 年),最小年径流量为 11.0 亿 m^3(1973 年),最大最小比值为 2.1。

从图 3-5、表 3-2 可以看出,黑河上游年平均径流量在年际间的波动当中呈现出上升趋势,20 世纪 60、70 年代出山径流较小,80 年代后径流明显增大,其中 80 年代年平均径流量达到 17.44 亿 m^3,90 年代以后维持在多年平均附近。

莺落峡径流量的 C_v 值变化较小,仅为 0.166,表明出山径流量的年际变化相对较稳定,其原因是地下水和冰雪融水的补给在出山地表径流中占有较大的比重。黑河上游年平均流量具有 11 年和 3 年左右的显著性周期(李林,2006)。

3.4.2　径流年内分配

从出山口莺落峡站径流量年内分配图(见图 3-6)可以看出,受季风影响,流域四季分明。11 月～次年 3 月是河川径流量的枯水时段,此时段主要接受山区地下水的补给,径流变化较为稳定,大约占年径流量的 13%;汛期 6～9 月,气温高,降水量大,汛期径流占年径流量的 50%左右。

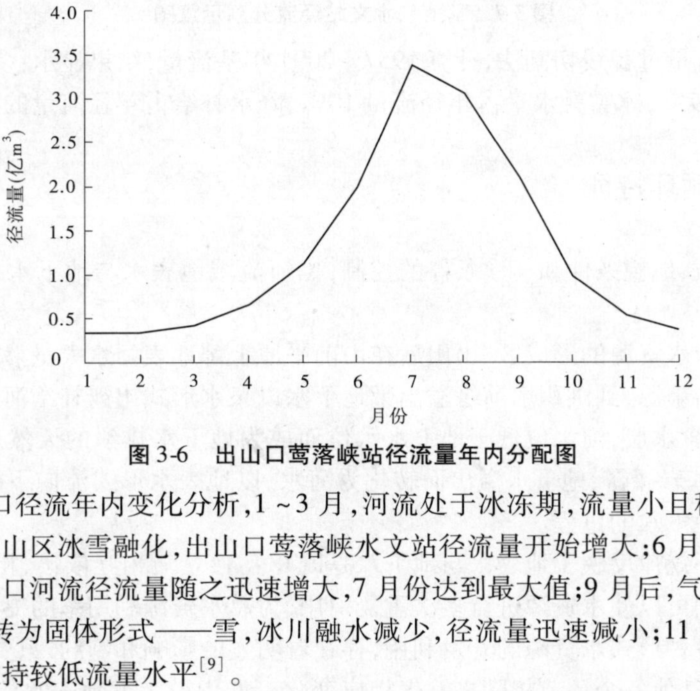

图 3-6　出山口莺落峡站径流量年内分配图

根据出山口径流年内变化分析,1～3 月,河流处于冰冻期,流量小且稳定;4 月份后,随着气温上升,山区冰雪融化,出山口莺落峡水文站径流量开始增大;6 月份后,山区降水逐渐增多,出山口河流径流量随之迅速增大,7 月份达到最大值;9 月后,气温开始降低,降水减少且逐渐转为固体形式——雪,冰川融水减少,径流量迅速减小;11 月份后,河流又处于冰冻期,维持较低流量水平[9]。

3.4.3　出山口径流组成

根据山区水资源形成条件,出山口地表径流主要由三部分组成(见图 3-7):降水、冰雪融水和地下水。

11 月～次年 3 月,河川径流主要接受地下水补给(基流);4～5 月,气温升高,冰雪融水增大,地表径流主要接受山区地下水和冰雪融水的补给;进入 6～9 月汛期,降水量大增,地表径流由地下水、降水和冰雪融水共同补给;9 月份以后,气温降低,降水量、冰雪融水减少,又转为以地下水补给为主。

山区地下水补给河流的基流量和冰雪融水量可采用流量过程切割方法进行分割,基

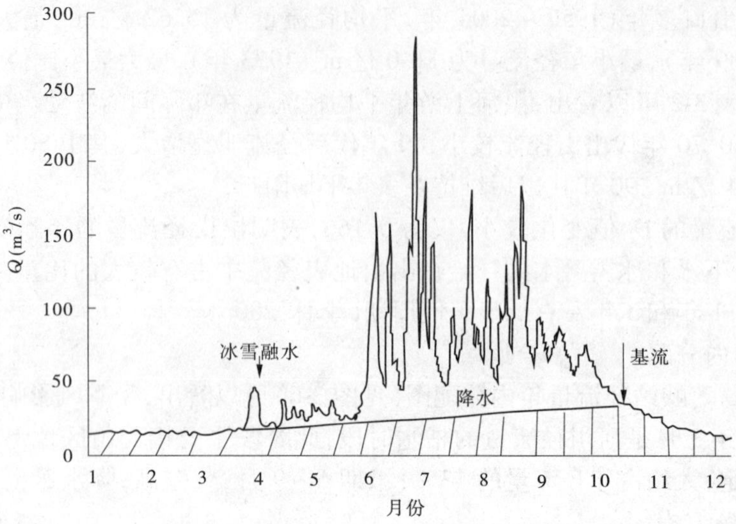

图 3-7　莺落峡水文站径流分割示意图

流分割采用日流量过程线切割法，计算 1957 ~2004 年基流量，结果显示：多年年均基流量占年径流量的 37%，冰雪融水量占年径流量 10%，降水补给占年径流量的 53%。

3.5　区域水循环特征

受区域地质、地貌条件和气候条件的控制，黑河流域地表水与地下水之间联系密切、相互转化频繁。

山区是流域水资源的形成区，出山后在山前平原上部地表河水大量渗漏，成为盆地地下水的主要补给来源，到洪积扇前缘溢出带地下水以泉水形式出露补给河流，在细土带的河床，河流切割含水层，河水位低于地下水水位而成为地下水排泄的天然通道；在河流出口（正义峡）处基岩裸露，地下水溢出而转化为河水，以地表水形式流向下游，并开始地表水入渗转化为地下水的过程。

这种水循环规律反映了地表水与地下水是既相互独立又相互依赖、相互制约的两个子系统。一方面可以使水资源进行多次重复引用，为总水资源利用率的提高创造了条件；另一方面也对各种形式水资源的开发利用，存在着明显的影响和制约，只要牵动转化链条中的一个环节，其他各个环节将随之发生相应变化。如中游上部地表水的开发利用将影响着地下水的补给、径流和排泄关系以及补给量和排泄量的大小。地下水补、径、排关系及其补排量的改变，则直接导致地下水可开采量的变化。同时，地下水的开采将减少地表径流量。

在这一复杂的相互转换过程中，由于人类活动的影响，严重影响流域天然水循环规律，使地表水与地下水转化关系和转化强度发生很大的变化。

3.6　流域水资源开发利用情况

黑河流域开发历史悠久，自汉代即进入了农业开发和农牧交错发展时期，汉、唐、西夏年间移民屯田，唐代在张掖南部修建了盈科、大满、小满、大官、加官等5渠，清代开始开发了高台、民乐、山丹等灌区。由于在干流和支流上大量开口引水，减少了下泄水量，黑河中下游用水矛盾开始尖锐，清雍正年间就制定了为下游鼎新片均水的协议。

民国时期，黑河中下游农业用水的季节矛盾更为突出，为调节水量的需要，1948年修建了马尾湖水库，可蓄水380万 m^3。据甘肃省建设厅统计，1944年黑河中游有耕地247.5万亩，其中水浇地204.2万亩，人口52.3万人，灌溉年引水量约15.1亿 m^3。

1949年后，黑河中游灌区持续发展，1949～1963年灌区发展相对稳定，有效灌溉面积稳定在160万～180万亩，在此时期，在干流东部的山丹河修建了祁家店水库，库容为0.22亿 m^3；在临泽和高台修建了73座平原洼地水库及塘坝，蓄水库容1.24亿 m^3。

从20世纪60年代中期以来，为满足地方经济社会发展的需要，在河西建设商品粮基地，干支流山前和绿洲的外缘大量开垦宜农荒地。为满足灌溉引水需要，黑河中游地区进行了较大规模的水利工程建设，1975年以来，在莺落峡修建了龙渠电站，引水渠有西洞渠与龙洞渠（见图3-8）；在梨园河上修建了鹦鹉嘴水库，库容0.2亿 m^3。1989年在出山口莺落峡以下7 km修建了草滩庄引水枢纽工程（见图3-9），建设了东西总干渠，大大增加了黑河中游的引水量。

图3-8　莺落峡龙渠（河道无径流）

据统计，截至1999年，流域中游有小型水库58座（其中平原水库40座），总库容2.55亿 m^3；引水工程66处，引水能力268 m^3/s，引水量17.8亿 m^3；机电井6 149眼，其中配套机井3 770眼，年提水量2亿～3亿 m^3；总灌溉面积350万亩，其中农田灌溉面积306.5万亩，林草灌溉43.5万亩。水资源开发利用为流域经济社会发展和国防建设做出

图3-9 草滩庄引水枢纽

了重要贡献[1]。

但目前水资源开发利用中存在许多问题,主要包括:①气候干旱,流域水资源严重紧缺,供需矛盾突出;②用水结构不合理,水资源利用经济效益低,生产、生活用水挤占了生态用水;③水利工程建设布局不合理,水量蒸发渗漏损失大;④水资源缺乏有效管理,水事矛盾突出。

3.7 流域水资源特征

根据前面分析,流域水资源特征可归纳如下:

(1)黑河流域水资源的存在形式有4种:降水、冰川融水、地表水和地下水。这些水资源主要来源于祁连山区的大气降水,祁连山区是流域水资源的形成区。

(2)流域地表径流可明显地划分为径流形成区、利用区和消失区。祁连山出山口是河川径流的主要来源区;中下游地区气候干旱,地表产流量很小,主要为流域水资源的利用区,特别是中游灌区;而下游是径流消失区。

(3)黑河出山地表径流来源于降水、积雪融水和地下水补给。多年年均地下水补给占年径流量的37%,冰雪融水量占年径流量的10%,降水补给占年径流量的53%。

(4)受山区降水和冰雪融水补给较为稳定的影响,山区径流年际变化相对不大,年径流变差系数 C_v 值仅为0.166。

(5)流域地表径流年内分配不均。如莺落峡站,11月~次年3月是河川径流量的枯水时段,此时段主要接受山区地下水的补给,径流变化较为稳定,大约占年径流量的13%;汛期6~9月,气温高,降水量大,汛期径流占年径流量的50%左右。

(6)流域地表水和地下水频繁转换是流域水循环演化的重要特点。受流域特殊的地形地貌和地质、水文地质条件影响,地下水在河流出山之前几乎全部转化为地表水,出山后河流进入山前平原,沿河道和渠系系统渗漏补给地下水。进入细土平原地区,地下水又以泉水形式溢出地面,成为平原河流的主要补给来源;在下游地表水入渗补给盆地地下水,维持下游天然绿洲,最后消耗于蒸散发。流域水资源的多次循环转化为水资源的开发利用创造了良好条件,提高了水资源的利用效率。

第4章 环境同位素水文技术

4.1 同位素水文技术发展简述

同位素水文学是20世纪60年代发展起来的一门新兴学科,在过去的几十年中,同位素水文技术在水资源评价以及管理中的应用发展非常迅速,它为研究水资源循环过程提供了一种新的研究途径。该技术可从宏观上和微观上阐明水文循环过程的机理和演变过程,已成为水资源问题研究特别是了解水循环过程及演变规律的一种重要手段。

国际原子能机构(International Atomic Energy Agency,IAEA)在推广同位素技术(核技术)在水资源研究和管理方面发挥了非常重要的作用。1961年在IAEA的倡议下召开专家咨询会议,1963年在日本东京举行了第一次国际同位素水文会议,此后平均每4年举行一次。20世纪70年代末80年代初,IAEA的研究重点逐渐转移到环境同位素水文学方面。IAEA先后组织了各种专题学术会议,并出版大量有关同位素技术应用论文集和论著等,如1983年出版的“Guidebook on Nuclear Techniques in Hydrology”[10]和2001年出版的“Environmental Isotopes in the Hydrological Cycle Principles and Applications”[11],这些文献为同位素技术在水文水资源研究等领域的应用和推广奠定了技术基础。此外,IAEA和国际气象组织(WMO)自1953年起在世界各地陆续建立了雨水同位素监测网,定期出版各观测站降水的氚、氘及氧-18(^{18}O)的数据,为全球环境同位素研究提供基础数据。目前,IAEA和联合国科教文组织(UNESCO)联合发起同位素水文计划(JIIHP),重点是促进同位素在水文学中的应用,利用同位素等多种技术进行水资源评价、开发利用和加强水资源管理等。在IAEA和其他国际组织的推动下,同位素水文技术在解决地下水以及地表水有关的水文学问题和水-生态系统中的环境问题等方面取得了很大进展,已成为水文学科中一门迅速发展起来的新的分支学科——同位素水文学(Isotope Hydrology)。

同位素水文技术应用的主要依据是稳定同位素的分馏原理和放射性同位素的衰变理论,利用同位素对水循环的标记作用和计时作用,直接或间接地应用水体及其溶解物质中保存的与水体来源、形成环境和演化历史相关的环境同位素信息,去揭示各种水体的成因、赋存条件及水循环机理等,解决诸如不同水体的起源和形成、示踪研究水循环运动过程和途径、估计水循环速率等水文学问题。

近年来,随着同位素测试技术的发展,同位素水文技术在水资源领域的研究内容不断扩大,发展更为迅速。在水资源评价和管理研究中,同位素水文技术对于确定地下水补给源、补给量、地下水年龄及了解地表水和地下水相互转化规律、水-岩相互作用、地表水和地下水污染等方面发挥出其独有的作用[12-21],可以获得常规方法所不能取得的关键数据和节省投资等。

4.2　同位素水文技术应用的基本原理

4.2.1　同位素概念

原子主要是由质子和中子两种基本粒子组成,被称做核子,它们具有相同质量,但中子不带电荷,而质子则带正电,这两种粒子(中子和质子)组成了原子核的质量中心。质子数(Z)和原子序数等于核外电子数。质子和中子(N)的数量之和构成了原子核的质量数(A):

$$A = Z + N \tag{4-1}$$

具有特定结构的原子称为核素,可用符号${}^{A}_{Z}X_{N}$ 表示,其中 X 表示原子所属的化学元素。

原子核之间存在很强的核间作用力(质子和中子)。由于质子间存在库仑斥力,所以中子的存在就可以起到稳定原子核的作用。中子数太多或太少,原子核的稳定性都会降低,在轻元素中(质子数小于 20),当质子和中子的数量相等或接近相等时,元素的原子核是最稳定的。例如,下列元素 Z 与 N 相等:

$${}^{2}_{1}H_{1} \qquad {}^{4}_{2}He_{2} \qquad {}^{12}_{6}C_{6} \qquad {}^{14}_{7}N_{7} \qquad {}^{16}_{8}O_{8}$$

下列轻元素,中子数少量过剩,原子核也是稳定的,如:

$${}^{13}_{6}C_{7} \qquad {}^{15}_{7}N_{8} \qquad {}^{17}_{8}O_{9} \qquad {}^{18}_{8}O_{8}$$

单质子结构也是稳定的(${}^{1}H$)。

在重元素中,中子数一般远远超过质子数,当 Z∶N 的值接近 1.5 时,原子核最稳定。

过剩的质子或中子会引起原子核的不稳定,如:

$${}^{3}_{1}H_{2} \text{ 和 } {}^{14}_{6}C_{8}$$

同位素就是核内质子数相同,所含中子数不同的一类核素。同位素的涵义是在化学元素周期表中占据相同位置,它们具有相同的核外电子排布结构,因而总的化学性质相同,只是质量不同。如${}^{1}_{1}H$、${}^{2}_{1}H$ 和${}^{3}_{1}H$ 是氢元素的同位素;${}^{16}_{8}O$、${}^{17}_{8}O$ 和${}^{18}_{8}O$ 是氧元素的同位素[11]。

4.2.2　同位素分类

4.2.2.1　稳定同位素和放射性同位素

根据原子结构的稳定性,同位素可分为稳定同位素和放射性同位素。稳定同位素是指原子核的质子数和中子数以及原子核结构都是稳定不变的,自然界中多数原子核都属于这一类,如${}^{2}H$、${}^{13}C$ 、${}^{18}O$、${}^{34}S$、${}^{15}N$ 等。一般来说,原子核具有偶数个质子和中子数是较稳定的,具有这种魔数序列数字 2、8、20、28、50、82 和 126 的核素,具有相对较高的稳定性并且在自然界的含量也较高。

如果一个原子核含有较多的中子或质子,它就会发生裂变以形成一个稳定的核。原子核不稳定能自发进行放射性衰变或核裂变而转变成其他一类核素的同位素称为放射性同位素,如天然同位素${}^{3}H$、${}^{14}C$、${}^{36}Cl$、${}^{81}Kr$ 和${}^{39}Ar$ 等。

4.2.2.2　环境同位素和人工示踪同位素

从同位素示踪观点,同位素还可分为环境同位素和人工示踪同位素。环境同位素意指广泛存在于自然环境中的同位素,既包括天然同位素,也包括人工核反应进入到自然环境中的同位素,如稳定同位素^{2}H、^{18}O、^{13}C和放射性同位素^{3}H、^{14}C等;人工示踪同位素主要指在实验室或核装置中制造产生,为某种研究目的作为示踪剂人为投放到一局部区域的人工同位素,如大坝渗流研究用人工示踪剂^{131}I和^{125}I。目前在水循环研究中,采用的同位素示踪剂主要为广泛存在自然界的环境同位素,环境同位素直接参与水循环过程,水体环境同位素组成特征可反映水的形成环境和演变历史,可以说环境同位素是水的"指纹"或"DNA"。

4.2.3 稳定同位素分馏

尽管由同种元素的不同同位素所组成的分子(如$^{13}CO_2$和$^{12}CO_2$),其化学性质基本相同或相似,但由于不同同位素在核的质量数与键强度上存在不同,因而这些同位素分子或组成的化合物在化学性质和物理性质上仍然存在着细微的差别,从而在一系列物理化学反应过程中能引起物质的同位素组成发生改变。这种同位素以不同比例分配于不同物质的现象,称为同位素分馏作用。

自然界中的化学反应、不可逆反应、蒸发作用、扩散作用、吸附作用、生物化学反应都能引起同位素分馏[20,21]。

稳定同位素分馏主要有平衡分馏、动力分馏等类型。

4.2.3.1 平衡分馏

平衡分馏发生在可逆的物理或化学反应过程中,化学分子没有发生变化,但同位素在化学分子间发生交换,亦称同位素交换反应。可用下式表示:

$$^{*}A + B \Leftrightarrow A + {}^{*}B \tag{4-2}$$

式中:*号代表含有稀有同位素。

在简单平衡反应中,参与反应的分子只有一个同位素原子发生交换,则分馏系数α=平衡常数K。

$$K = \frac{[A]}{[^{*}A]}\frac{[^{*}B]}{[B]} = \frac{[^{*}B]/[B]}{[^{*}A]/[A]} = \frac{R_B}{R_A} = \alpha_{B/A} \tag{4-3}$$

在复杂的交换反应中,即交换反应分子具有两个以上原子的情况下,分馏系数$\alpha \neq$平衡常数K。

平衡分馏本身不发生通常的化学反应变化,而只是在不同化合物之间、不同相之间或单个分子之间发生同位素比值分配上的变化,如下式所示:

$$H_2{}^{16}O + C^{18}O^{16}O \Leftrightarrow H_2{}^{18}O + C^{16}O_2 \tag{4-4}$$

或者是蒸发/冷凝这样可逆的物理过程:

$$H_2^{16}O(\text{气态}) + H_2^{18}O(\text{液态}) \Leftrightarrow H_2{}^{18}O(\text{气态}) + H_2{}^{16}O(\text{液态}) \tag{4-5}$$

这种交换过程的反应速率以及达到同位素平衡所需的时间变化很大。例如,$H_2O \Leftrightarrow CO_2$的交换过程在室温下以分钟和小时作为时间尺度,而$H_2O \Leftrightarrow SO_4^{2-}$过程需要以千年作为时间尺度。

同位素交换反应有如下一些特点[20]:

(1)同位素交换反应是可逆反应,和化学反应一样,可用平衡常数K来描述交换反应进行的程度。

(2)同位素交换反应是等分子反应,反应前后的分子数和化学组成不变,只是同位素浓度在各化学组分间的重新分配。

(3)同位素交换反应的热效应非常小,反应基本上是在恒温下进行。

(4)同位素交换反应达到平衡时,同一元素的重同位素一般富集在氧化态较高或键合力较强的化合物中。

(5)同位素交换反应的平衡常数是温度的函数,由于热效应很低,因而平衡常数随温度变化的趋势也很小。当温度趋于无穷大时,同位素之间交换速度差异消失,平衡常数 $K \to 1$。

4.2.3.2　动力分馏

动力分馏是由于不可逆的物理和化学反应过程产生的。在自然界中,动力同位素分馏效应非常普遍,常见的分馏效应有蒸发作用、扩散作用、分解作用、光合作用和热解作用。在动力分馏过程中同位素在不同物相间的分配随时间和反应程度而不断变化,这种变化主要是由反应速度不同引起的。

同位素分馏效应主要由物质的结合能所决定,在物理变化过程中轻同位素分子具有较高的速度和较小的结合能,因此在扩散作用中轻同位素将优先从系统中扩散出来,从而造成动力同位素分馏效应;在开放系统中发生蒸发作用时,轻同位素将优先蒸发出液体表面,于是液相和蒸汽相之间发生动力同位素分馏效应。在化学反应过程中,轻同位素分子比重同位素分子反应快,因此在化学反应过程中有明显的动力同位素分馏效应。

动力同位素分馏具有以下特点[20]:

(1)为单相不可逆反应。

(2)反应物与产物之间不发生同位素交换。

(3)伴随有化学反应或物相的转变。

(4)同位素分馏一般随温度升高而减少。但在一定条件下,同位素分馏有时随温度升高而增大。

(5)动力分馏不仅与同位素分子的反应速度有关,而且与初始反应物的消耗程度有关。

(6)动力同位素分馏的产物往往优先富集轻同位素。

4.2.4　稳定同位素组成表示方法和标准

4.2.4.1　同位素丰度和比值

一种元素的各种同位素在原子中所占的百分比称为同位素丰度。氢氧稳定同位素的丰度见表4-1。

表4-1　氢氧稳定同位素的丰度

氢		氧	
同位素	丰度(%)	同位素	丰度(%)
^{1}H	99.985	^{16}O	99.757
^{2}H	0.015 6	^{17}O	0.038
		^{18}O	0.205

同位素比值 R 是一种元素的两种同位素丰度之比,可用下式表示:

$$R = \frac{\text{稀有同位素的丰度}}{\text{丰富同位素的丰度}} \tag{4-6}$$

比值符号 R 前面应带有上标,代表所指同位素。例如:

$$^{13}R(CO_2) = \frac{[^{13}CO_2]}{[^{12}CO_2]} \qquad ^{18}R(CO_2) = \frac{[C^{18}O^{16}O]}{[C^{16}O_2]}$$

$$^{2}R(H_2O) = \frac{[^{2}H^{1}HO]}{[^{1}H_2O]} \qquad ^{18}R(H_2O) = \frac{[H_2{}^{18}O]}{[H_2{}^{16}O]}$$

同位素比值和丰度一样,可直接反映出样品同位素的相对含量关系。

必须注意的是:同位素比值和同位素浓度是不同的概念。以 CO_2 为例,其同位素浓度可定义为:

$$\frac{[^{13}CO_2]}{[^{13}CO_2]+[^{12}CO_2]} = \frac{[^{13}CO_2]}{[CO_2]} = \frac{^{13}R}{1+{}^{13}R} \tag{4-7}$$

测定同位素的绝对丰度或浓度非常困难,但用质谱仪很容易测定稀有同位素与常见同位素的比值(如 $^{2}H/^{1}H$ 和 $^{18}O/^{16}O$)。

4.2.4.2　δ 值

在自然界中,稳定同位素组成的变化很微小,用同位素丰度和同位素比值不能明显地显示出这种微小的差别。此外,不同实验室在测定同位素比值过程中不可避免地产生各种系统误差,所以实际应用中一般用 δ 值来表示元素的同位素组成。

δ 值是指样品中两种稳定同位素的比值相对于标准样品同位素比值的千分之偏差,即:

$$\delta‰ = \frac{R_{\text{样品}} - R_{\text{标准}}}{R_{\text{标准}}} \times 1\ 000 \tag{4-8}$$

δ 值能反映出样品同位素组成相对于标准样品的变化方向和程度。如 δ 值为负值,表明样品较标准样品富含轻同位素,反之,表明样品较标准样品富含重同位素。

但样品的 δ 值与选用的标准样品有关,为便于对比,国际规定样品的 δ 值必须采用统一的国际标准,目前国际上常用的同位素标准有 IAEA(网站: http://www.iaea.or.at)和美国国家标准与技术研究所(National Institute of Standards and Technology,网站:http://www.nist.gov)制定的。

水中氢、氧同位素采用的标准样品为标准平均海洋水(Standard Mean Ocean Water, SMOW)(Craig,1961),该标准样品是一假想的标准。1968 年 IAEA 定义了标准海洋水,它来自海洋蒸馏水并经过修订与 SMOW 相近的同位素组成,称为维也纳标准海洋水(Vienna Standard Mean Ocean Water, VSMOW)。

水中氢、氧稳定同位素组成通常用实测样品中的氢氧同位素的比值相对于 SMOW 同位素比值的千分差来表示,即:

$$\left.\begin{aligned} \delta^{18}O &= \left(\frac{(^{18}O/^{16}O)_{\text{样品}}}{(^{18}O/^{16}O)_{\text{标准平均海洋水}}} - 1\right) \times 1\ 000 \\ \delta D &= \left(\frac{(^{2}H/^{1}H)_{\text{样品}}}{(^{2}H/^{1}H)_{\text{标准平均海洋水}}} - 1\right) \times 1\ 000 \end{aligned}\right\} \tag{4-9}$$

式中：$({}^{18}O/{}^{16}O)_{样品}$、$({}^{2}H/{}^{1}H)_{样品}$和$({}^{18}O/{}^{16}O)_{标准平均海洋水}$、$({}^{2}H/{}^{1}H)_{标准平均海洋水}$分别代表降水样品中和标准平均海洋水中氧和氢同位素比值。其中，$\delta^{18}O_{标}=0‰$，$\delta D_{标}=0‰$。

除上述标准外，还有其他一些标准，如测定^{13}C同位素组成，一般采用 PDB（Pee Dee Belemnite）标准。在常温下测定碳酸盐中^{18}O也常用 PDB 标准。

δ 值和同位素分馏系数 α 的关系为：

$$\alpha_{A-B}=\frac{1\,000+\delta_A}{1\,000+\delta_B} \tag{4-10}$$

两相中物质 A 和 B 含量的差异有时用 Δ 表示，近似表示为：

$$\Delta_{A-B}=\delta_A-\delta_B=1\,000\ln\alpha_{A-B} \tag{4-11}$$

因为当 x 很小时，$\ln(1+x)\approx x$。因此，如果处于同位素平衡的两种物质的氧同位素 δ 值分别为 $\delta_A=+20‰$和 $\delta_B=+5‰$，则 $1\,000\ln\alpha_{A-B}\approx15$ 和 $\alpha_{A-B}=1.015$。

4.2.5　放射性衰变

4.2.5.1　放射性衰变概念

如果一个原子核含有太多的中子或质子，它迟早会发生裂变以形成一个稳定的原子核。放射性同位素原子核自发地放射出某种射线或通过轨道电子俘获而转变成另一种原子核的过程称为放射性衰变。衰变前的原子核称为母体，衰变后产生的新的原子核称为子体。放射性核素在衰变过程中遵守能量守恒定律、质量守恒定律和电荷守恒定律。放射性衰变过程中所释放出来的 α、β 粒子的数量与衰变的原子核数量相等。放射性衰变是原子核内部物质运动固有的一种特性，是自发进行的，不受外界其他因素的影响。

4.2.5.2　放射性衰变类型

根据放射性衰变的机理，放射性衰变的类型可分为 β^- 衰变、β^+ 衰变、电子俘获（EC）、α 衰变和核裂变等类型[11,21]。

4.2.5.2.1　β^- 衰变

β^- 衰变是原子核发生放射性衰变最常见的一种类型，它可看做是原子核中的过剩中子转变为质子并放出一个电子和反中微子（$\bar{\nu}$），其衰变通式为：

$$n\rightarrow p^+ + \beta^- + \bar{\nu} + Q \tag{4-12}$$

β^- 粒子相当于电子，带一个负电荷。由于 β^- 粒子的质量极小，因此母核和子核的原子质量相同，但子核的原子序数增加 1。式中 Q 为衰变能。

同位素水文学常用的氚和^{14}C的衰变为 β^- 衰变：

$$^{3}H\rightarrow {}^{3}He + \beta^- + \bar{\nu} + Q \tag{4-13}$$

$$^{14}C\rightarrow {}^{14}N + \beta^- + \bar{\nu} + Q \tag{4-14}$$

4.2.5.2.2　β^+ 衰变

β^+ 衰变可看做是原子核中过剩质子转变成中子并放出 β^+ 粒子和中微子（ν），其衰变通式为：

$$p^+\rightarrow n + \beta^+ + \nu + Q \tag{4-15}$$

β^+ 粒子是质量与电子相等而带正电荷的粒子。β^+ 衰变生成的子核和母核原子质量相同，但原子序数减少 1。

4.2.5.2.3　电子俘获(EC)

原子核从核外电子壳层中俘获电子而发生的放射性衰变称为电子俘获。它是母核通过从核外俘获电子而使核内的一个质子转变为中子和中微子,其衰变通式为:

$$p^{+} + e^{-} \rightarrow n + v + Q \tag{4-16}$$

对于同一种放射性母核,电子俘获与 β^{+} 衰变所产生的子核是相同的,生成的子核和母核原子质量相同,但原子序数减少1。

4.2.5.2.4　α 衰变

α 衰变是原子核释放出 α 粒子而发生的放射性衰变。α 粒子由两个质子和两个中子组成,实际上就是 ^{4}He 原子核,其衰变通式为:

$$_{Z}^{A}X \rightarrow _{Z-2}^{A-4}Y + _{2}^{4}He \tag{4-17}$$

经过 α 衰变形成的子核,其原子质量比母核减少4,原子序数减少2。

重元素如铀和钍系列衰变主要是这种类型,较重的 α 粒子的释放会伴随着相应较大能量 γ 射线的产生。

4.2.5.2.5　核裂变

重元素的原子核有可能会分裂为两个相对较大的子核,并释放出大量的中子。这种衰变可以自发产生,也可以由任何地方的中子对母核的轰击产生,例如来自临近原子核的中子。

4.2.5.3　放射性核素的人工衰变

众所周知的放射性同位素人工衰变是20世纪60年代的核爆试验,在核爆炸中,特别是周围空气中的中子浓度会迅速增高,以至使自然界自身存在的放射性核素浓度激增,如自然界广泛存在的 ^{3}H、核爆后浓度大增的 ^{14}C:

$$^{14}N + n \rightarrow ^{12}C + ^{3}H \text{ 或 } ^{14}N(n, ^{3}H)^{12}C \tag{4-18}$$

和

$$^{14}N + n \rightarrow ^{14}C + ^{1}H \text{ 或 } ^{14}N(n, ^{1}H)^{14}C \tag{4-19}$$

4.2.5.4　放射性衰变规律

任何放射性同位素其原子核数目都服从于同一的放射性衰变规律而随时间不断地进行衰减。即单位时间内衰变的原子核数目与 t 时刻存在的原子核数目成正比[11]。

$$-\frac{dN}{dt} = \lambda N \tag{4-20}$$

式中:N 为 t 时刻母体的原子核数目;$-dN/dt$ 为衰变速率,负号表示随时间而减少;λ 为衰变常数。

将式(4-20)积分可得

$$-\ln N = \lambda t + C \tag{4-21}$$

当 $t=0$ 时,$N=N_0$,则

$$C = -\ln N_0 \tag{4-22}$$

将上式代入式(4-21),得

$$\ln(N/N_0) = -\lambda t \tag{4-23}$$

可得到指数衰减公式

$$N = N_0 e^{-\lambda t} \tag{4-24}$$

可得出原子核由 N_0 衰变到 N 的时间

$$t = -\frac{1}{\lambda}\ln\frac{N}{N_0} \tag{4-25}$$

对某一定放射性核素,衰变常数 λ 是一个常数,它是反映原子核衰变速度的一个物理量,其单位为时间倒数($1/t$),因此 λ 值越大衰变越快。

4.2.5.5　半衰期和平均寿命

4.2.5.5.1　半衰期($T_{1/2}$)

在实际应用中,常用半衰期($T_{1/2}$)代替衰变常数(λ)来表示一个放射性核素的衰变速率。半衰期的定义是放射性原子核的数目衰减到原有数目的一半所需要的时间(见图 4-1),即:

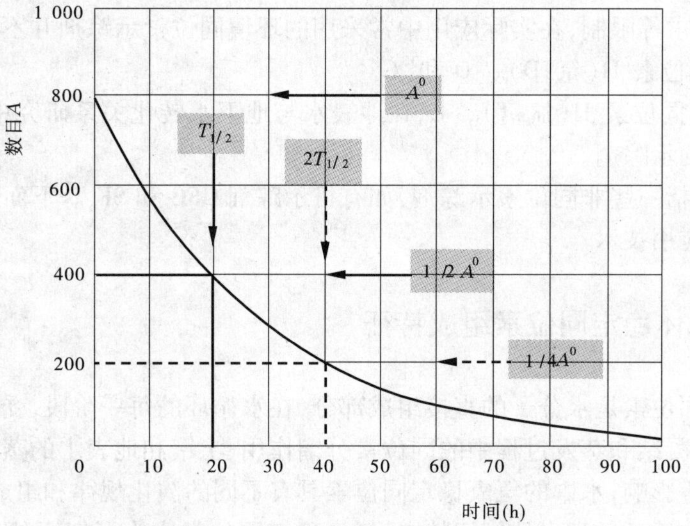

图 4-1　放射性核素衰变示意图

$$T_{1/2} = (-1/\lambda)\ln(1/2) = 0.693/\lambda \tag{4-26}$$

从中可得:

$$\lambda = \frac{\ln 2}{T_{1/2}} = \frac{0.693}{T_{1/2}} \tag{4-27}$$

不同核素的半衰期差异很大,^{3}H 半衰期为 12.43 年,^{14}C 的半衰期为 5 730 年,^{36}Cl 半衰期为 30 万年。

4.2.5.5.2　平均寿命

放射性物质含有许多原子核,其中有的早衰变,有的晚衰变,即它们的寿命长短不一。原子核的平均寿命(τ)是指原子核的平均生存时间。原子核的平均寿命由一定数量原子核的总寿命(在原子核全部衰变之前)除以原子核数目而得。在时间段 dt 内,有 dN 的原子核衰变。在时间 t 内这些"存活"的原子核 dN 的总寿命为:

$$t \cdot dN = t \cdot \lambda N \cdot dt \tag{4-28}$$

对所有的原子核(N)求积可得平均寿命(时间)为:

$$\tau = \frac{1}{N_0}\int_0^\infty t \cdot \lambda N \cdot \mathrm{d}t = \lambda\int_0^\infty t \cdot \mathrm{e}^{-\lambda t}\mathrm{d}t = \lambda\left\{-\frac{t}{\lambda}\mathrm{e}^{-\lambda t}\mid_0^\infty + \frac{1}{\lambda}\int_0^\infty \mathrm{e}^{-\lambda t}\mathrm{d}t\right\}$$

$$= \lambda\left\{0 + \frac{1}{\lambda}\left(-\frac{1}{\lambda}\mathrm{e}^{-\lambda t}\mid_0^\infty\right)\right\} = \frac{1}{\lambda} \tag{4-29}$$

平均寿命与衰变常数呈倒数关系。λ、$T_{1/2}$和τ之间的关系为:

$$T_{1/2} = 0.693\tau = 0.693/\lambda \tag{4-30}$$

一个半衰期为$T_{1/2}$=5 730 年的^{14}C原子核的平均寿命是8 267 年,则λ =1/8 267,这意味着^{14}C样品的放射性在大约8年内衰减1‰;而一个^{3}H样品(半衰期为12.43年)每年衰减5.6%。

4.2.6 水循环研究中常用的环境示踪剂

在水循环研究中可用于同位素研究的环境同位素示踪剂有许多,但由于受同位素分析技术、取样要求等限制,在实际应用中常采用的环境同位素示踪剂并不多,主要有:

(1)稳定同位素^{2}H(氘,D)、^{18}O和^{13}C。

(2)放射性同位素^{3}H(氚,T)、^{14}C,在地表水与地下水转化关系研究中^{222}Rn也作为一种非常有前途的示踪剂。

此外,还包括一些非同位素示踪剂,如有机示踪剂CFC和SF_6。下面将重点讨论这些环境示踪剂的应用技术。

4.3 天然水体稳定同位素组成特征

氢氧稳定同位素是水分子的直接组成部分,在水循环的每一阶段,受大气蒸汽源的同位素组成、水汽凝结和蒸发过程中的同位素分馏作用、土壤和地表水的蒸发作用及不同水体的混合作用等影响,水中的氢氧稳定同位素具有不同的演化规律和组成特征。因此,借助于同位素在水循环过程中的标记特点,氢氧稳定同位素成为了解天然水起源和演化历史的良好示踪剂。

降水是自然界水循环过程中的一个重要环节,在实现海水—大气水—降水的相变过程中,降水同位素比值受气候、地理因素影响,具有明显的时空变化,并且与云团凝结温度、降雨量、高程等环境因素有关。因此,分析大气降水$\delta^{18}O$和δD在不同地区的分布特点,以及其与各种环境因素之间的因果关系,不仅有助于定性或定量地解决地下水的起源和成因,区分补给源区和补给高程等问题,而且也有助于揭示“三水”转化关系以及含水层之间的水力联系,从而为最终建立一个地区的水循环模式提供理论依据。

4.3.1 降水中氢氧稳定同位素的瑞利分馏

水的蒸发、凝结是自然界氢氧稳定同位素分馏的一种主要方式,也是造成不同水体同位素组成差异具有一定规律性的重要原因。

Lord Rayleigh (1896)发表了讨论蒸馏作用过程中气体分离的模型。瑞利模型可用来讨论水体蒸馏过程中氢氧稳定同位素的富集或损耗,如地表水体的蒸发和水汽凝结形成降水中同位素组成的变化。

在水的蒸发过程中,水分子从外部获得能量后,优先破坏质量相对轻的同位素水分子间的氢键,使部分含轻同位素的水分子首先脱离液相而形成水汽进入大气中。由于质量轻的水分子蒸发速度相对快,则液相的重同位素富集,这样经历了蒸发过程的残留水和新生成的水汽的氢氧同位素组成都与初始水体存在较大的差异。在水汽凝结过程中,重同位素优先进入液相中,剩余的气相中重同位素贫化,因此液相中重同位素相对气相中富集,这一变化过程与蒸发过程相反。

图 4-2 说明了降水蒸馏过程中同位素的变化。水中同位素$^{2}H/^{1}H$或$^{18}O/^{16}O$的比值为 R,则液相和气相间的分馏系数 α_{L-V} 可表示为:

$$\alpha_{L-V} = R_L/R_V \tag{4-31}$$

式中:下标 L 代表液相;V 代表气相。

在水蒸发过程中:

$$\alpha_{V-L} = R_V/R_L = 1/\alpha_{L-V} \tag{4-32}$$

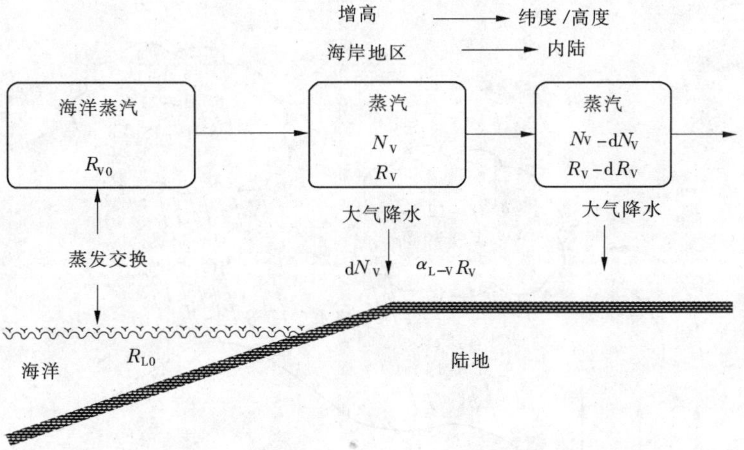

图 4-2　海洋蒸发和陆地降水的 Rayleigh 分馏示意图[21]

图 4-2 中 N_V 表示水蒸气的质量,当微量水气 dN_V 从 N_V 中移出时,稀有同位素的质量平衡方程可以写成

$$R_V N_V = (R_V - dR_V)(N_V - dN_V) + (\alpha_{L-V}/R_V)dN_V \tag{4-33}$$

从式(4-33)可得出

$$dR_V/R_V = (\alpha_{L-V} - 1)(dN_V/N_V) \tag{4-34}$$

如果假设 α_{L-V} 在整个过程中为常数,那么对上述方程进行积分,得:

$$R_V/R_{V0} = (N_V - N_{V0})^{\alpha-1}_{L-V} \tag{4-35}$$

在式(4-35)中,下标"0"指的是 N_V 的初始质量。

式(4-35)就是瑞利分馏方程。

如果取 $f = N_V/N_{V0}$ 表示任一时刻的剩余水的比例,则上述瑞利分馏方程可写为

$$R_V = R_{V0} f^{(\alpha-1)}_{L-V} \tag{4-36}$$

如果用 $1/\alpha_{L-V}$ 代替 α_{L-V},方程式(4-36)可表示水体中同位素组成的蒸发效应。

瑞利分馏方程也可用 δ 值表示

$$\frac{R^{18}O}{(R^{18}O)_0} = \frac{\delta^{18}O + 1\,000}{(\delta^{18}O)_0 + 1\,000} = f^{\alpha - 1} \tag{4-37}$$

$$\frac{R^2H}{(R^2H)_0} = \frac{\delta^2H + 1\,000}{(\delta^2H)_0 + 1\,000} = f^{\alpha - 1} \tag{4-38}$$

为更清楚地说明降水蒸馏过程中同位素组成变化，以海洋水文循环为例，赤道海洋水的 $\delta^{18}O$ 和 δ^2H 可近似认为 0‰，在温度为 15℃时，液相水与蒸汽相间的 $\delta^{18}O$ 平衡分馏系数为 1.010 2，也就是说，赤道海洋水在平衡时，海洋面上空水汽的 $\delta^{18}O$ 大约为 -10‰。但事实上，实测 $\delta^{18}O$ 值存在一定差别，比理论值要小，这是因为蒸发是非平衡过程，Craig 和 Gordon (1965) 对这个问题进行了详细讨论。

水蒸气从海洋到达大陆时其 $\delta^{18}O$ 为 -12‰(图 4-3)，由于蒸汽团到达大陆后，水汽上升，气温变冷。在蒸汽冷凝形成降水过程中，液相与水蒸气相之间达到同位素平衡，液相中按照分馏系数的比例富集 ^{18}O 和 ^2H，如图 4-3 所示，降水中 $\delta^{18}O$ 相对于气团中 $\delta^{18}O$ 富集，$\delta^{18}O$ 达到 -3‰。

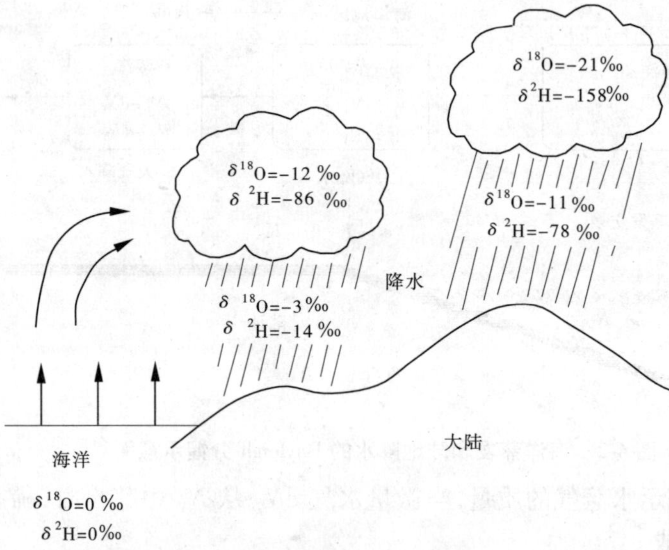

图 4-3　海水与降水氢氧同位素组成变化示意图[22]

随着水蒸气进一步移动到内陆，并上升到更高纬度，温度变低，水汽冷凝形成降水。气相中水汽的 $\delta^{18}O_c$ 值可由瑞利蒸馏方程给出：

$$\delta^{18}O_c = 1\,000[(1 - f)^{\alpha - 1} - 1] + \delta^{18}O_0 \tag{4-39}$$

式中：$\delta^{18}O_0$ 为水蒸气初始 $\delta^{18}O$ 值；f 为水汽从气相移出的比例；α 为凝结时液相与气相间 ^{18}O 分馏系数。

水蒸气进入内陆上升到山区，气温越来越低，气相中越来越贫 $\delta^{18}O$。当气团达到山顶时，水汽的 $\delta^{18}O$ 值为 -21‰，形成降水变时为 -11‰。在山顶液相与气相两者差异为 10‰(-11‰ -21‰ =10‰)，大于海洋上空附近(-3‰ -12‰ =9‰)的差异，这是由于液相水与水汽间同位素分馏系数随温度降低而增加的结果。

4.3.2　大气降水的稳定同位素组成特征

降水同位素组成及其变化是水循环研究的基础，在 20 世纪 60 年代早期，为了研究大气降水的同位素组成及其分布规律，IAEA 和 WMO 共同建立了大气降水采样网，旨在了解水文系统中 δD、$\delta^{18}O$ 和 ^3H 等同位素特征及气象参数。该网络由全球包括海洋、沿海及大陆在内的 100 多个站点（我国现有 30 个 IAEA－WMO 全球降水同位素站）组成，采样得到的同位素分析结果（Dansgaard，1964；Yurtsever，1975；Rozonski，1993 等），有关的数据已经陆续出版在 IAEA 的系列技术报告中，现在这些数据可在 IAEA 的 GNIP（全球降水同位素网络）网站上（http：// isohis. iaea. org/userupdate/Waterloo/index. html）找到并可下载。

根据得到的分析数据，可发现全球性或区域性的大气降水同位素组成的分布具有明显的规律性。从总体上看，降水中氢氧稳定同位素的变化与地理位置有关，如纬度、经度以及离海岸的距离，还与降水气团的来源及其性质等有关。因此，全球降水的同位素组成变化很大，即使同一地区不同时间的降水，其同位素组成也不同，甚至相差很大。

空气中水蒸气向降水转化的过程取决于气候和当地许多因素，因此全球降水中同位素组成变化非常大。一般来说，距离水蒸气主要来源——赤道地区越远，降水 $\delta^{18}O$ 就越偏负。全球降水的平均 δD 的值为 $-22‰$，平均 $\delta^{18}O$ 值为 $-4‰$。地处两极地区的降水最贫重同位素，δD 为 $-308‰$，$\delta^{18}O$ 为 $-53.4‰$（Craig，1963）。在干旱地区的封闭盆地中，水最富重同位素，δD 为 $129.4‰$，$\delta^{18}O$ 为 $30.8‰$（Fontes 和 Gonfiantini，1967）。大气降水和地表水的蒸发作用是自然界的同位素组成变化的主要原因。

4.3.3　降水的同位素效应

大气降水氢氧同位素组成的分布很有规律，它主要受蒸发和凝结作用所制约。也就是说，降水的同位素组成与地理和气候因素存在直接的关系。这些因素包括温度效应、纬度效应、季节效应、大陆效应、高程效应和降水量效应，其中温度因素的影响占主导地位。

4.3.3.1　温度效应

为了检验雨水的同位素组成与主要的地理因素和气候因素的关系，Yurtsever（1975）根据 GNIP 大气降水的平均同位素组成与纬度、高度、温度和降水量作多元回归分析，结果表明，平均同位素组成与温度的相关系数达到 0.815，而与其他因素的相关系数较低。也就是说，温度效应在所有影响因素中占主导作用，平均同位素组成与温度存在着显著正相关关系。

根据北大西洋和欧洲观测站资料得出 $\delta^{18}O$ 与温度 t 的关系（Yurtsever，1975）为：

$$\delta^{18}O = (0.521 \pm 0.014)t - (14.96 \pm 0.21)\quad (‰) \tag{4-40}$$

平均相关系数达到 0.893。这和 Dansgaard（1964）根据北大西洋观测站资料得到的相关关系式相吻合：

$$\delta^{18}O = 0.69t - 13.6\quad (‰) \tag{4-41}$$

总之，大气降水的同位素组成与当地气温的关系密切，且呈正相关变化，但不同地区变化差异很大。

4.3.3.2　纬度效应

大气降水的稳定同位素组成与纬度变化存在明显的负相关关系，从低纬度到高纬度，随着温度的降低，降水的重同位素逐渐贫化。赤道地区气温较高，同位素分馏效应减少，降水的同位素组成比南北两极高。目前已测得的南极降水的 δD 值最低为 -440‰，$\delta^{18}O$ 值最低为 -55‰。

北美大陆降水的纬度效应（Yurtsever，1975）为：

$$\Delta\delta^{18}O \approx -0.5‰/℃ \tag{4-42}$$

欧洲大陆的纬度效应为：

$$\Delta\delta^{18}O \approx -0.6‰/℃ \tag{4-43}$$

在寒冷的南极洲大陆，$\Delta\delta^{18}O$ 为 -2‰/℃。

4.3.3.3　季节效应

不同地区由于温度、湿度和气团运移等因素存在季节性的变化，因此降水的同位素组成也会有季节性的变化。一般来说，大部分地区夏季的 δ 值高，冬季的 δ 值低。

不同地区季节性差异程度也不尽相同。内陆地区降水的同位素组成季节性变化较大，在大多数情况下，这种变化与温度有关。奥地利的维也纳是大陆性气候区，其雨水同位素的季节性变化很清楚，1961 ~ 1971 年，夏季（峰）和冬季（谷）的雨水，$\delta^{18}O$ 值相差 20‰。夏季气温高，同位素组成也高，冬季气温低，同位素组成也低。说明气温是控制雨水同位素组成季节性变化的主要因素。

而在热带岛屿地区，与温度的相关性几乎没有，季节性变化混乱，这意味着气团迁移方向和混合程度对降水的同位素组成也有一定影响。

由此看出，雨水的同位素组成，不仅和当地的降水量有关，更主要的是取决于暖湿气团已经历的分馏程度。

4.3.3.4　大陆效应

大陆效应也称离岸效应，也就是大气降水的稳定同位素组成随远离海岸线逐步贫化，且随地区、季节、地形的起伏而有明显的变化。同时，它还受温度梯度的影响较大，还和地形及气候有关，见图 4-4。这个效应与潮湿气团在迁移过程中凝结降水引起的同位素分馏效应有关。

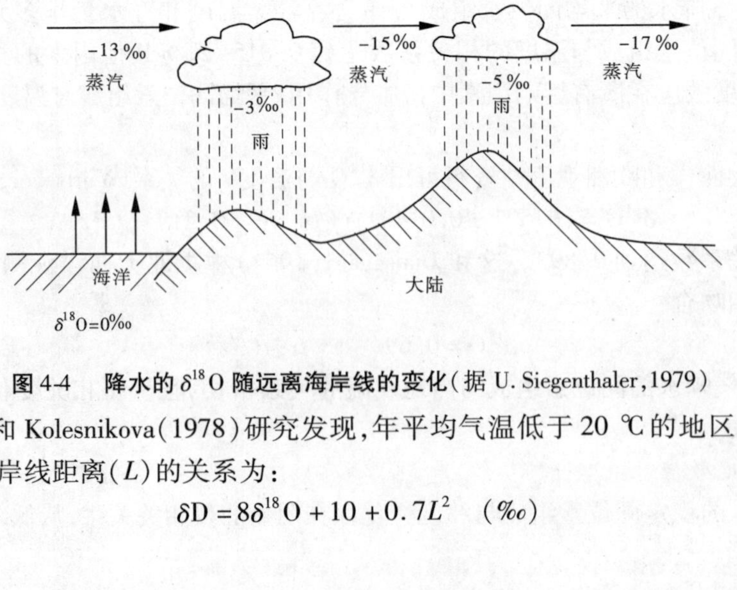

图 4-4　降水的 $\delta^{18}O$ 随远离海岸线的变化（据 U. Siegenthaler，1979）

Polyakov 和 Kolesnikova（1978）研究发现，年平均气温低于 20 ℃的地区，年平均同位素组成与离海岸线距离（L）的关系为：

$$\delta D = 8\delta^{18}O + 10 + 0.7L^2 \quad (‰) \tag{4-44}$$

而年平均气温在 $-15\ ℃ < t < 20\ ℃$ 的地区，年平均同位素组成与离海岸线距离(L)的关系为：

$$\delta D = 6\delta^{18}O - 0.7L^2 + 0.7t - 7 \quad (‰) \tag{4-45}$$

式中：L 为相对于海洋的距离，1 000 km；海滨和岛屿地区的 $L = 0$。

4.3.3.5 高程效应

降水同位素组成随地区高程的变化而变化，随着海拔增高，δD 和 $\delta^{18}O$ 值逐渐降低。高程效应实际和温度有关系，这是由于海拔增加，温度下降会引起冷凝作用，同时由于高程增加，气压降低，达到饱和蒸汽压要比等压冷凝需要更低的温度。

高程效应和地形的变化也有关。世界各地大气降水的高程效应的差异程度很大。观测到的 $\delta^{18}O$ 值随高程的变化一般介于(−0.6‰ ~ −0.1‰)/(100 m)之间(Vogel,1975)。北美大陆高程效应 $\delta^{18}O$ 为(−0.51‰ ~ −0.15‰)/(100 m)，δD 为(−4‰ ~ −1.2‰)/(100 m)(Yurtsever 和 Gat,1981)；我国庐山地区高程效应 $\delta^{18}O$ 为 −0.16‰/(100 m)。

需要注意的是在内陆山脉、降雪和山的背风坡高程效应表现并不明显[22]。

根据降水同位素的高程效应这一特性，可用来确定地下水补给区的位置和高度。

4.3.3.6 降水量效应

在等温条件下，从潮湿气团中形成的液相将服从 Rayleigh 分馏机理。因此，大气降水的同位素组成必然是温度和空气湿度的函数。

Dansgaard(1964)经观测发现 $\delta^{18}O$ 和降水量存在显著的负相关关系，降水量越大，$\delta^{18}O$ 值越小。

产生降水量效应的主要原因，可能与雨滴降落过程中的蒸发效应和与环境水蒸气的交换有关(Ehhait,1963; Stowart, 1975)。

4.3.4 大气降水中 δD—$\delta^{18}O$ 的关系

4.3.4.1 全球降水线

大气降水的同位素组成变化很大，同一地区不同时间的降水，同位素组成会有很大差异，但 $\delta^{18}O$ 和 δD 的之间的关系是十分有规律的。Craig(1961)在研究北美大气降水时发现大气降水的氢氧同位素组成呈线性变化，见图4-5。

不管 $\delta^{18}O$ 和 δD 的范围值多大，数据都落在一条直线上：δD 从 −300‰到 +500‰，$\delta^{18}O$ 从 −46‰到 +16‰。根据这些数据 Craig 拟合出的大气降水线方程为：

$$\delta D = 8\delta^{18}O + 10 \tag{4-46}$$

上述关系线即为著名的 Craig 全球降水线(GMWL)。

后来 Rozanski(1993)等研究者根据 IAEA 所属降水观测站资料，对 Craig 的全球降水线进行修正，其结果非常接近 Craig 降水方程：

$$\delta D = 8.13\delta^{18}O + 10.8 \tag{4-47}$$

大气降水同位素组成呈线性相关这一规律是由于水在蒸发和凝结过程中的同位素平衡分馏所致。

Craig 大气降水方程是用 SMOW 作为标准，其大气降水线适用于全球，是全球局部和区域大气水线的平均值。

根据 δD—$\delta^{18}O$ 的图形可发现以下规律：

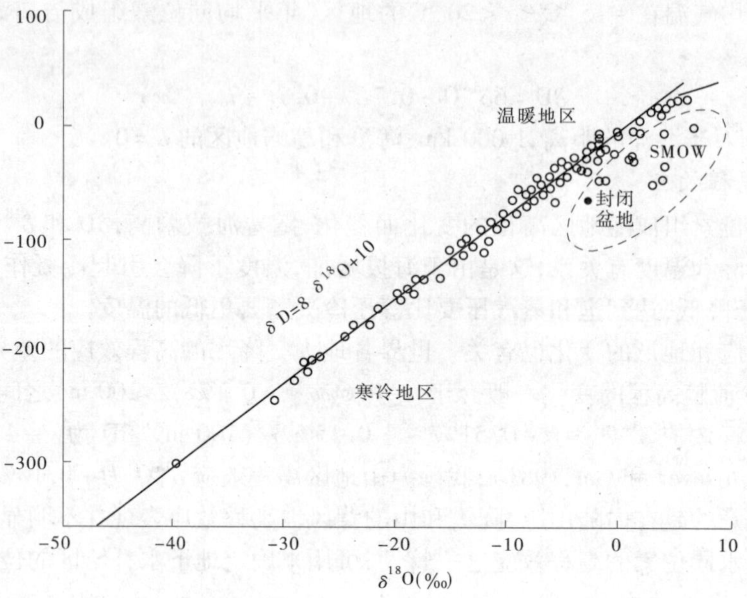

图 4-5　**大气水中 δD—δ^{18}O 的关系图**(据 H. Craig,1961)

(1)温度低、远离蒸汽源的内陆、海拔高程高或高纬度的大气降水的同位素组成,一般落在全球平均降水线的左下方;反之,其降水的同位素组成落在全球平均降水线的右上方。

(2)降水量小而蒸发强烈的干旱或半干旱地区,其斜率大都小于 8,其降水线向右偏离全球平均降水线,同位素组成落在全球平均降水线的右下方。斜率越小,偏离越远,反映蒸发作用越强烈。

4.3.4.2　区域(当地)降水线

Craig 全球大气降水线反映的是全球许多地区大气降水线的平均值,而不同地区当地大气降水线受当地气候因素控制,包括水气团的起源、降雨中的二次蒸发和降水季节性变化,这些因素影响着降水线的斜率和氘过量参数($d=\delta D-8\delta^{18}O$)。因此,由于不同地区降水过程同位素分馏的不同,各个地区的雨水线(Local Meteoric Water Line,LMWL)方程并不相同,大都偏离全球降水线(GMWL),主要反映在雨水线的斜率和截距(氘过量参数 d)的差异上。

北美地区当地降水线 LMWL(IAEA 降水同位素监测站数据)可表示为:

$$\delta D=7.95\delta^{18}O+6.03 \quad \text{(Yurtsever 和 Gat,1981)} \tag{4-48}$$

东地中海大气降水线(氘过量参数 d 大):

$$\delta D=8\delta^{18}O+22 \quad \text{(Gat. 和 Carmi,1970)} \tag{4-49}$$

因此,进行区域同位素研究时,建立当地大气降水线 LMWL 是非常重要的,在水循环研究分析时要将地表水和地下水的同位素组成与 LMWL 进行对比。LMWL 的建立主要通过在当地设置降水监测站点,以获取同位素数据(时间至少一年)。

4.3.5　水中同位素组成以及 δD 和 δ^{18}O 之间的相关关系的研究意义

在水循环过程中,受混合作用以及因物理条件,如雨水凝结、蒸发等变化的影响引起同位素分馏作用，水的稳定同位素比值在不同阶段和区域产生规律性的变化。不同来源的水分有着不同的氢氧同位素组成，因此根据地下水稳定同位素组成的空间分布和变化规律可用来区分不同水体的补给来源和示踪地下水运动等。

降水 δD 和 $\delta^{18}O$ 之间的相关关系等规律为研究大气水循环、天然水同位素组成及古气候演变提供了条件。对大气降水的 $\delta^{18}O$—δD 线性关系与地表水和地下水的同位素成分对比分析，可为推断地下水补给条件、揭示各种水体的蒸发损失和彼此间混合作用提供理论依据。

因此，可通过建立大气降水、地表水和地下水 δD—$\delta^{18}O$ 关系线或方程式，来对比分析降水、地表水和地下水同位素组成，分析彼此之间的联系，可了解其相互作用关系和过程，揭示地下水的形成、运移和补给机理，推断地下水补给来源，以及不同水体相互之间的混合作用等。

根据不同水体同位素组成特征不仅可了解地下水补给来源、地表水与地下水的相互作用关系，还可计算出地下水与地表水的混合比例，可根据地表水与地下水稳定同位素数据采用混合模型进行计算。

$$X \times \delta D_1 + (1 - X) \times \delta D_2 = \delta D \tag{4-50}$$

$$X \times \delta^{18}O_1 + (1 - X) \times \delta^{18}O_2 = \delta^{18}O \tag{4-51}$$

式中：下标数值1、2表示两种不同水体（也称端元）。

4.3.6　稳定同位素示踪剂应用

1994～1995年，P. A. Huddart 在研究加拿大南部 Great 湖地下水补给来源时，当地降水线方程为 $\delta D = 8\delta^{18}O + 9.8$，地下水位于斜率为5.7的蒸发线上，Erie 湖与 Point Pelee 湿地地表水稳定同位素组成也位于蒸发线上，Erie 湖同位素组成相对比较稳定，$\delta^{18}O$ 在观察的21个月中在 −7.5‰ ～ −6.7‰之间变化，而湿地地表水时空变化较大，$\delta^{18}O$ 值在 −8.4‰～−0.1‰之间变化，其中一个监测断面，其地下水稳定同位素组成 $\delta^{18}O$、δD 平均分别为 −7‰和 −54‰，根据这个规律，确定地下水主要来自湖水和湿地，其比例分别为64%和28%。

Fritz 等（1974）在加拿大 Winnipeg 地区作地下水的环境同位素研究。在靠近 Assiniborne 河和 Red 河的汇水区的两口井，根据水位变化和化学资料被认为与河水关系密切。但 $\delta^{18}O$ 的资料表明，当 Red 河的 $\delta^{18}O$ 值变化幅度超过10‰时，这两口井的值没有什么变化，说明没有或几乎没有河水进入地下水中。

我国同位素水文学研究工作始于20世纪50年代末，70年代以来，国际同位素水文技术的发展推动了我国同位素技术的开展，在1980～1990年期间，我国研究学者在水文地质学的各个领域开展了同位素技术应用研究，取得了大量成果。1983年，我国启动了中国大气降水同位素监测，经过8年监测工作，初步建立了中国大气降水同位素数据库。郑淑慧（1983）、卫克勤（1980）等率先对中国大气降水的 ^{2}H、^{3}H 和 ^{18}O 的分布规律进行了研究，为开展中国同位素技术研究奠定了的基础。目前，国内在利用稳定同位素进行地下水研究方面已比较成熟，取得许多成果与经验。

刘丹等（2002）利用降水、地下水稳定同位素 $\delta^{18}O$、δD 组成和放射性同位素 ^{3}H，确定了秦岭特长隧道地下水补给来源，以及其补给高度和浅层水的循环深度等[23]。

2002年,顾慰祖等利用降水、地下水稳定同位素组成特征和放射性同位素^{3}H,研究了乌兰布和沙漠北部承压水和潜水的不同补给源,并根据氢氧同位素关系,估算了不同含水层补给源的组成[24]。

尹观等(2000)运用天然水的同位素示踪技术追溯四川九寨沟水的来源及运移过程,研究九寨沟水循环系统,即大气降水、地表水和地下水的动态转化关系,揭示不同水体的补排关系和不同水文地质单元之间的水力联系等[25]。

苏小四等人研究了黄河水环境同位素示踪剂的沿程变化特征及其影响因素,分析了不同河段地表水与地下水的转化关系[26]。

4.4 地下水年龄(驻留时间)的确定

地下水的年龄是指地下水的形成到现在的时间,换句话说,降水由地表水(河、湖)或降水直接渗漏到土壤以下进入含水层形成地下水到现在的时间。地下水年龄是水循环研究的重要内容,它有助于了解地下水的水循环速度和定量评价地下水的可更新能力等,对合理进行水资源评价和水资源开发利用具有重要的意义。

在水循环研究中,地下水在含水层中的驻留时间或地下水年龄常用来了解地下水形成环境和不同年龄水体的混合以及补给循环速度。目前测定地下水年龄方法主要有放射性同位素方法和化学示踪剂方法。

同位素方法在确定地下水年龄上,最常用的是根据放射性同位素的衰变原理,利用同位素衰变方程确定地下水的年龄。但由于各种放射性同位素具有不同的半衰期,因而各种放射性同位素所确定的地下水年龄有一定的适用范围。目前,比较成熟且常用的同位素有^{3}H和^{14}C,分别测定小于50年的年轻地下水和介于2 000~20 000年的古地下水年龄[11]。

4.4.1 放射性同位素氚测龄

由于^{3}H是水分子的组成部分,因此氚是目前唯一可以直接测定地下水年龄的放射性同位素。^{3}H是氢元素的一种放射性同位素,其半衰期$T_{1/2}$为12.43年,由于^{3}H的半衰期很短,因此^{3}H法一般适用于分析50年以内补给的浅层地下水。自从Kanfman和Libby首次认识到利用氚进行地下水年龄测定的潜力以来,氚法在地下水尤其是参与现代水循环的地下水年龄测定中得到了广泛的应用,并且取得了大量成功的研究成果[27-29]。

1952年以前,大气中^{3}H浓度较小,大约为10 TU,但自1952年后,由于一些国家进行核爆试验等,大量^{3}H进入大气层,1962~1963年北半球夏季观测到其最高浓度高达6 000 TU[11],见图4-6。

核爆形成的^{3}H进入到地下水系统中,可作为指示是否存在现代补给的重要证据。核爆试验前(1953年前)天然情况下大气降水的氚浓度平均为10 TU,这种含氚的降水进入地下水系统后,其^{3}H浓度只按放射性规律衰变而减少,根据其半衰期12.43年计算,到2003年取样时间时,由于衰减,地下水的氚浓度应小于1 TU。1953年后降水^{3}H浓度受核爆影响而大增,因此根据地下水是否受到20世纪50、60年代核爆试验期间产生的大量核爆氚的标记,可将1953年以前形成的地下水"老水"和1953年后形成的地下水"新水"相

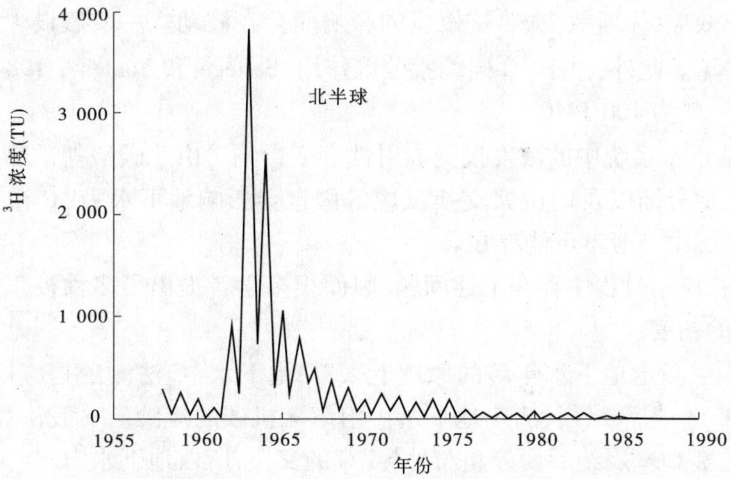

图 4-6　北半球大气降雨中^{3}H 浓度[11]

区别。若地下水的氚浓度小于 1 TU,一般可认为是核爆前补给的,地下水补给年龄大于 50 年;若地下水氚浓度大于 1 TU,则表明地下水为核爆开始后补给的,其年龄小于 50 年。

由于目前大气中^{3}H 浓度大大低于核爆试验时的峰值,许多地区已接近核爆前的正常水平,使^{3}H 输入函数难以确定,因此常规的^{3}H 法测龄的应用已很有限。

4.4.2　放射性同位素^{14}C 测龄

自从 W. F. Libby(1949)提出利用^{14}C 方法测定含碳物质年龄以来,^{14}C 法在第四纪地质、考古学和古人类学研究中得到了广泛的应用。1957 年,K. O. Munnich 首次将^{14}C 方法应用于测定地下水年龄,后来这一方法不断得到改进和完善,并成为目前测定年龄介于 2 000 ~ 20 000 年古地下水的重要手段[30-33]。利用地下水^{14}C 年龄测定结果可以很好地确定古地下水流向和地下水的循环速度,并结合其他气候变化指标恢复地下水形成的古气候古环境条件,以及作为约束条件提高地下水流模型数值模拟的精度。

4.4.2.1　地下水^{14}C(DIC)法测龄原理

地下水含有放射性同位素^{14}C,一旦地下水进入封闭系统,^{14}C 就开始按衰变规律而衰减,地下水测龄根据衰变方程:

$$t = \frac{1}{\lambda}\ln\frac{A_0}{A_{nd}} \tag{4-52}$$

式中:A_0 为地下水初始^{14}C 放射性浓度$\%_{mod}$即 PMC(Percent Modern Carbon,PMC 相当于美国国家标准局(NBS)草酸标准的放射性碳浓度的 95%);A_{nd}为实测样品的^{14}C 活度;t 为样品的^{14}C 年龄,年;λ 为^{14}C 的衰变常数。

将$\frac{1}{\lambda}=8\ 267$,代入式(4-52)得

$$t = \frac{1}{\lambda}\ln\frac{A_0}{A_{nd}} = 8\ 267\ln\frac{A_0}{A_{nd}} \tag{4-53}$$

4.4.2.2　影响地下水^{14}C 浓度的主要因素

尽管计算地下水^{14}C 年龄,从原理上非常简单,但是它是建立在下述两个前提条件上的。

(1)初始^{14}C含量A_0在所确定的年龄范围内是一个常数。根据目前研究,大气中^{14}C含量受到德夫里效应、休斯效应、热核效应的影响而存在波动。一般假设大气CO_2的^{14}C浓度为104.3 PMC。此外,由于^{14}C同位素分馏作用(Saliege 和 Fontes ,1984),土壤二氧化碳中^{14}C含量一般为100 PMC。

(2)^{14}C在地下水系统中的浓度仅受放射性衰变影响。由于碳酸盐矿物的溶解稀释、碳酸盐矿物的沉淀分馏以及同位素交换反应等因素会影响地下水中^{14}C浓度,所以该假设条件在实际情况中一般不可能存在。

由于^{14}C法在应用过程中存在上述问题,因而很多学者提出了多种校正模型,以提高地下水^{14}C测定的精度。

另外,从^{14}C法测定地下水年龄的原理上来看,地下水^{14}C法测龄是应用地下水中的溶解无机碳(DIC)作为示踪剂,测定地下水中溶解无机碳的年龄。一般认为地下水中的溶解无机碳与土壤CO_2隔绝后便停止与外界^{14}C的交换,所以地下水^{14}C年龄是指地下水和土壤CO_2隔绝后“距今”(B. P., Before Present)的年代。

地下水中的溶解碳不同于一般含碳物质,具有多来源、多成因的特点,且不同来源的碳具有不同的^{14}C浓度。例如,在地下水补给和径流过程中发生的碳酸盐溶解—沉淀反应,将影响地下水中^{14}C的浓度,通常表现为引起地下水中^{14}C浓度降低的稀释反应。利用式(4-53)得到的年龄(地下水^{14}C表观年龄)通常大于地下水的真实年龄,因此必须要对地下水的^{14}C表观年龄进行校正,即进行地下水的初始浓度(A_0)的校正,校正的关键在于确定地下水补给和演化过程中造成地下水^{14}C浓度稀释的地球化学反应,即反应路径。

初始补给地下水的^{14}C浓度一般设定为20世纪60年代核爆试验前大气中的CO_2的平均^{14}C浓度,即大约100 PMC。20世纪60年代北半球进行的大规模核试验使大气CO_2的^{14}C浓度巨幅增大,其峰值接近于200 PMC,因此^{14}C法测定地下水年龄主要是针对核爆试验前不含氚的古地下水。

影响地下水^{14}C浓度的主要因素包括碳酸盐矿物的溶解稀释反应、碳酸盐矿物的沉淀反应和同位素交换反应等。

4.4.2.2.1 碳酸盐矿物的溶解稀释反应

由于碳酸盐矿物多为地质历史时期形成,所以其^{14}C浓度一般为0。在水岩作用下,含水介质的碳酸盐矿物溶解进入地下水中,会使地下水^{14}C浓度减小,即存在典型的“稀释反应”。

4.4.2.2.2 碳酸盐矿物的沉淀反应

碳酸盐矿物的沉淀过程会产生同位素的分馏,其分馏系数为$\alpha^{14}C_{CO_3^{2-}-CaCO_3}=0.971$,所以在沉淀过程中地下水$^{14}C$同位素会亏损,即地下水$^{14}C$浓度减小。

4.4.2.2.3 同位素交换反应

在包气带中土壤CO_2与地下水DIC之间以及在含水层饱和带中碳酸盐矿物与地下水DIC之间存在同位素交换反应,前者的结果是地下水^{14}C浓度增大,土壤CO_2中^{14}C浓度减小;后者的结果是地下水^{14}C浓度减小,碳酸盐矿物^{14}C浓度增大。

4.4.2.3　地下水^{14}C年龄的模型校正

地下水^{14}C年龄是指地下水和土壤CO_2隔绝后“距今”(B.P.)的年代。任何一种测龄模型都需要一个地下水的初始^{14}C浓度A_0,该值是考虑所有影响因素后地下水的初始^{14}C浓度。目前最流行的^{14}C年龄校正模型有基于化学平衡的碱度(ALK)模型、化学质量均衡(CMB)模型和基于^{13}C质量平衡的$\delta^{13}C$模型以及考虑较复杂条件(如同位素分馏和同位素交换的附加影响)的Fontes - Garnier模型等。

4.4.2.3.1　Vogel的统计模型

J. C. Vogel(1970)[34]统计了西欧和南非200多个地区地下水^{14}C测定资料,发现由现代降水补给的地下水,其初始^{14}C浓度大部分为$(80 \sim 90)\%_{mod}$。据此他建议采用$(85 \pm 5)\%_{mod}$作为计算地下水年龄的初始^{14}C浓度。由于统计值未考虑具体地区地下水在含水层中可能发生的水文地球化学反应对地下水浓度的影响,因此一般只用于对缺少资料地区的地下水作粗略年龄评价。

4.4.2.3.2　Tamers的碱度(ALK)模型

M. A. Tamers等(1966)[35]根据溶有土壤CO_2的水与碳酸盐反应生成无机碳的一般化学反应原理:

$$CO_2 + CaCO_3 + H_2O \leftrightarrow Ca^{2+} + 2HCO_3^- \tag{4-54}$$

提出用建立碳酸化学平衡方法来确定地下水初始^{14}C浓度。由于$CaCO_3$溶解生成的HCO_3^-中不含^{14}C,所以碳酸盐矿物的溶解使地下水中无机碳的^{14}C浓度受到稀释。设稀释后地下水的^{14}C浓度为$A_{\Sigma C}$(即计算年龄的初始^{14}C浓度),根据质量平衡,可得到

$$A_{\Sigma C} = \frac{[\Sigma C] - \frac{1}{2}[HCO_3^-]}{[\Sigma C]} \times 100 \quad (\%_{mod}) \tag{4-55}$$

式中:$[\Sigma C]$、$[HCO_3^-]$为地下水溶解无机碳总浓度和HCO_3^-浓度。

这是一种纯化学稀释模型,可用于土壤带中CO_2含量较多,孔隙不太发育、地下水中溶解无机碳全部来自溶解CO_2对碳酸盐矿物的溶解,土壤CO_2与溶解HCO_3^-之间不发生碳同位素交换的封闭溶解系统。

4.4.2.3.3　Pearson的同位素混合($\delta^{13}C$)模型

F. J. Jr. Pearson等(1964)[36]提出以^{13}C作示踪剂,根据化学溶解质量平衡原理,利用土壤CO_2与碳酸盐矿物之间$\delta^{13}C$值的明显差异,由地下水样品$\delta^{13}C$值来确定地下水^{14}C的初始浓度被溶解“死碳”的稀释程度。根据质量平衡原理得

$$A_{\Sigma C} = \frac{\delta^{13}C_{\Sigma C} - \delta^{13}C_1}{\delta^{13}C_{so} - \delta^{13}C_1}(A_{so} - A_1) + A_1 (\%_{mod}) \tag{4-56}$$

式中:$\delta^{13}C_{so}$、A_{so}分别为土壤CO_2的^{13}C和^{14}C浓度;$\delta^{13}C_1$、A_1分别为$CaCO_3$的^{13}C和^{14}C浓度;$\delta^{13}C_{\Sigma C}$、$A_{\Sigma C}$分别为地下水中实测的溶解无机碳的^{13}C和^{14}C浓度。

该方法适用条件是CO_2只来源于补给区土壤带,除此以外再无其他来源CO_2加入;土壤CO_2与溶解无机碳之间不发生碳同位素交换。

4.4.2.3.4 化学质量均衡(CMB)模型

化学质量均衡模型是一种用于封闭系统的稀释校正模型,主要用于在地下水中发生碳酸盐溶解作用并且地下水中的溶解无机碳(DIC)不与土壤 CO_2 发生交换反应的地区。根据式(4-57)计算初始 ^{14}C 浓度:

$$A_{\sum C} = \frac{mDIC_{rech}}{mDIC_{final}} \times 100 \quad (\%_{mod}) \tag{4-57}$$

式中:$mDIC_{rech}$ 为补给区地下水溶解无机碳总量;$mDIC_{final}$ 为地下水中溶解无机碳的总量。$mDIC_{rech}$ 可以根据补给环境下土壤 CO_2 的分压(P_{CO_2})和 pH 条件进行计算求得。$mDIC_{final}$ 的确定方法有两种:一种是通过实测数据获得,此时的 CMB 模型称为 CMB - Alk 模型;另一种方法是通过实测的化学资料根据式(4-58)进行计算求得,此时的 CMB 模型称为 CMB - Chem 模型。

$$mDIC_{final} = mDIC_{rech} + [mCa^{2+} + mMg^{2+} - mSO_4^{2-} + 1/2(mNa^{+} + mK^{+} - mCl^{-})] \tag{4-58}$$

4.4.2.3.5 Fontes - Garnier 校正模型

Fontes - Garnier(F - G)模型是将地下水中溶解无机碳分为土壤 CO_2 起源的和矿物溶解起源的两种。矿物起源的碳酸盐基质的含量可以通过下式利用阳离子浓度加以确定:

$$mDIC_{carb} = mCa^{2+} + mMg^{2+} - mSO_4^{2-} + 1/2(mNa^{+} + mK^{+} - mCl^{-}) \tag{4-59}$$

式(4-59)中主要考虑了基于 Ca 和 Mg 的碳酸盐溶解作用并通过 SO_4^{2-} 浓度进行校正;此外,还考虑了阳离子交换反应并通过 Cl^- 浓度对来源于 NaCl 的 Na^+ 浓度进行校正。基质 DIC 与土壤 CO_2 的交换量可以根据质量平衡关系,利用下式进行计算。

$$mDIC_{CO_2-exch} = \frac{\delta^{13}C \cdot mDIC_{meas} - \delta^{13}C_{carb} \cdot mDIC_{carb} - \delta^{13}C_{soil}(mDIC_{meas} - mDIC_{carb})}{\delta^{13}C_{soil} - \varepsilon^{13}C_{CO_2-CaCO_3} - \delta^{13}C_{carb}} \tag{4-60}$$

由于基质 DIC 与土壤 CO_2 的交换量很小,因此方程(4-60)中 $mDIC_{CO_2-exch}$ 可以忽略。这就意味着地下水中的 DIC 与基质之间的同位素交换是主要的交换过程。Fontes - Garnier 模型的稀释校正公式为:

$$A_{\sum C} = \frac{mDIC_{meas} - mDIC_{carb} + mDIC_{CO_2-exch}}{mDIC_{meas}} \times 100 \quad (\%_{mod}) \tag{4-61}$$

在应用以上初始 ^{14}C 浓度校正模型时,根据大量的实际分析结果和理论模拟,上述校正模型中参数定义为:碳酸岩矿物的 ^{14}C 浓度为 0 PMC,碳酸岩矿物的 $\delta^{13}C$ 为 0,土壤 CO_2 的 ^{14}C 浓度为 100 PMC,土壤 CO_2 气体的 $\delta^{13}C$ 为 -25‰。

4.4.3 地下水中 ^3H 和 ^{14}C 的关系

地下水中含有较高含量的 ^3H,反映水为较年轻的地下水,为近几十年补给的"新水",水中含有低含量的 ^{14}C,反映地下水为"老水",但在地下水水样测定结果中常发现水中有较高含量的 ^3H 和低含量的 ^{14}C,这可能表明地下水为年轻水与"老水"的混合物。图 4-7 为地下水中 ^3H 和 ^{14}C 的关系所反映的地下水年龄。

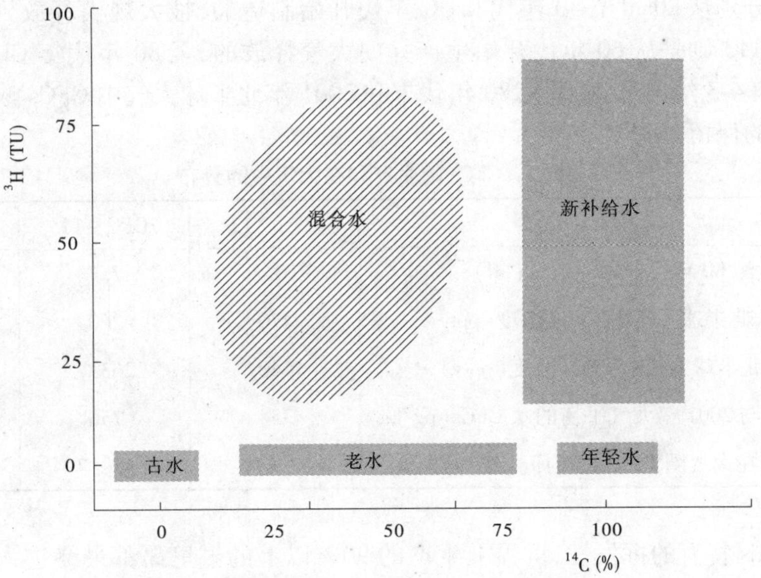

图4-7　地下水中^{14}C和^3H含量的关系示意图[11]

4.5　CFC测龄

在年轻地下水测龄技术上，化学示踪技术发展较快，近年来比较常用的示踪剂为CFC和SF_6。化学示踪剂一般为人工合成示踪剂，由人类活动而形成的有机气体，扩散到大气中后，随水循环进入地下水系统中。地下水中这类物质的浓度大小对应形成的年代，因此可用来测定地下水年龄[37-42]。

4.5.1　大气CFCs年代变化

CFCs是Chlorofluorocarbons（氯氟烃，又名氟利昂Freon）的缩写，是分子结构中含有氯氟和碳、化学性质稳定、无毒、挥发性强的一类有机化合物的总称，其中的CFC－11（CCl_3F）、CFC－12（CCl_2F_2）、CFC－113（$C_2Cl_3F_3$）是化学上稳定的纯人工的化合物。CFCs的主要物理化学性质见表4-2。

表4-2　CFCs物理和化学性质

代号	CFC－11	CFC－12	CFC－113
化学式	CCl_3F	CCl_2F_2	$C_2Cl_3F_3$
分子量	137.37	120.91	187.38
沸点（℃）	23.82	－29.79	47.7
凝固点（℃）	－111	－158	－36.4

早在1928年人们就合成了CFCs，并用于代替氯甲烷、SO_2和有毒氨制冷剂。20世纪

30 年代开始大量生产 CFC，用做制冷剂、发泡剂、清洁剂以及生产橡胶塑料等。CFC－11 和 CFC－12 分别从 20 世纪 40 年代和 30 年代开始制造的，被大规模释放到大气圈和水圈，而 CFC－113 则是从 60 年代开始生产并向大气释放的，至 80 年代年 CFCs 生产量超过百万吨。表 4-3 给出了 20 世纪 80 年代末和 2001 年北半球大气中 CFCs 浓度，以及 CFCs 在大气中的保留时间。

表 4-3　CFCs 的生产和在大气中的分布

代号	CFC－12	CFC－11	CFC－113
20 世纪 80 年代末累计产量（Mt）	10.2	7.7	2.4
80 年代末北半球大气中 CFCs 浓度（pptv）	470	260	70
2001 年北半球大气中 CFCs 浓度（pptv）	540	263.7	81.9
10 ℃，1 atm 下与 2001 年大气平衡的水 CFCs（pg/kg）	354	756	99
CFCs 在大气圈中的保留时间（年）	87 ± 17	45 ± 7	100 ± 32

由于 CFCs 特有的挥发性，世界上生产的 90% 以上的氟里昂都最终进入到大气层和水圈中。随着产量和消费量的增长，大气中的氟里昂含量开始快速增加，构成了大气温室气体的组成部分，并对低平流层臭氧层产生严重破坏作用（Molina 和 Rowland，1974），引起了国际社会广泛的关注。1987 年 37 个国家签订了蒙特利尔（加拿大）协议，同意到 2000 年削减一半 CFCs 产量，1992 年世界 90 个国家同意到 1996 年减少 CFCs 产量。世界各国开始限制氟里昂的使用和生产，至 1992 年，产量仅为 80 年代最高产量的一半（AFEAS，1993），CFC－11 和 CFC－12 在大气中的浓度于 90 年代后期增速变缓，并开始有所下降，北美大气中 CFC－11、CFC－12 和 CFC－113 浓度峰值分别出现于 1994 年、2001 年和 1996 年，北美大气 CFCs 浓度变化见图 4-8。

从 20 世纪 70 年代中期开始，世界各地开始建立起观测站，测量大气 CFCs 浓度（Prinn 等，1983；Rassmussen 等，1986；Cunnold 等，1994）。由于没有 1970 以前大气 CFCs的观测数据，1940 年至 70 年代中期大气 CFCs 浓度的恢复主要根据：①估算 1977 年以前世界上 CFCs 产量；②CFCs 向大气圈和水圈的释放速率；③其在平流层的光解速率；④土壤的去除速率恢复（McCarthy 等，1977；AFEAS，1993）。

4.5.2　CFCs 的分布特征

大气 CFCs 浓度在空间上分布变化较小，但在一些地区存在 10% 左右的偏差（Busenberg 等，1992；Cunnold 等，1994）。

CFCs 主要是由北纬 30°～70°之间的工业化国家消费和释放的（Hartley 等，1996），因此北半球平流层大气混合比高于南半球（Elkins 等，1993）。由于由 20 世纪 90 年代 CFCs 产量的减少，这种差异在逐渐变小（Volk 等，1996；Elkins 等，2001；Prinn 等，2000）。

靠近城市附近一些 CFCs 大气混合比一般会高于大气背景值，如果不考虑这个因素，靠近城市或人口密集区计算出的补给年龄要比实际地下水年龄轻。

由于大气中 CFCs 浓度存在地区差异，应该尽可能地利用当地大气中 CFCs 浓度曲线进行计算。

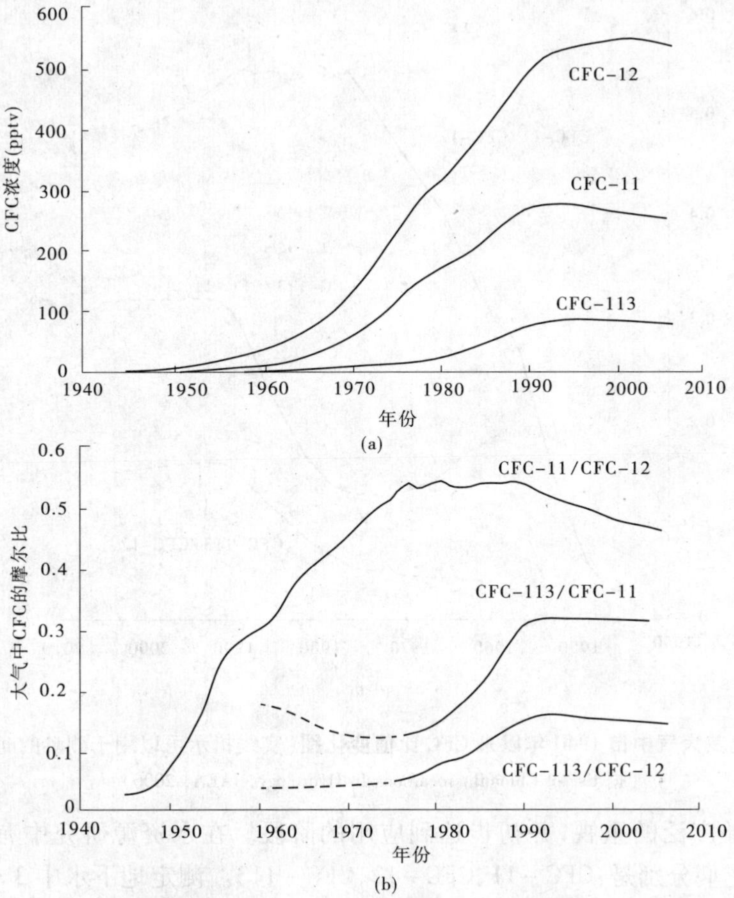

图 4-8　北美大气 CFCs 浓度和 CFC 比值曲线[43]

（据 Use of Chlorofluorocarbons In Hydrology, IAEA, 2006）

4.5.3　CFCs 之间的比值变化

大气中 CFC 之间的比值（CFC－11/CFC－12、CFC－113/CFC－12 和 CFC－113 /CFC－11）也为地下水定年提供了有用的信息，因为历年来释放到大气中的不同 CFC 的数量对比发生变化，大气中的 CFC 含量之间的比例关系也随时间不断变化，见图 4-9。

从图 4-9 中可以看出，在北半球，CFC－11/CFC－12 的值 1947～1976 年一直处于增长阶段，1976～1992 年基本保持不变，1992 年后开始下降。CFC－11/CFC－12 的值定年范围为 1947～1976 年，而在 1992 年以后用 CFC－11/CFC－12 值可以有两个年龄。20 世纪 70 年代以后到 90 年代早期，大气中 CFC－113 的浓度增加较快，CFC－113/CFC－12 值为 1975～1992 年呈增长状态（该时段可用于定年），从 1992 年至今一直下降。CFC－113/CFC－11 的值 1975～1990 年一直增长，1990 年后至今基本保持不变。

4.5.4　地下水 CFCs 定年

Thompson(1974)最早将 CFCs 方法引入到水文学领域，20 世纪 90 年代以后，国外一些科学家对该方法进行了较系统的研究和实际应用。目前 CFCs 方法在水资源研究中的

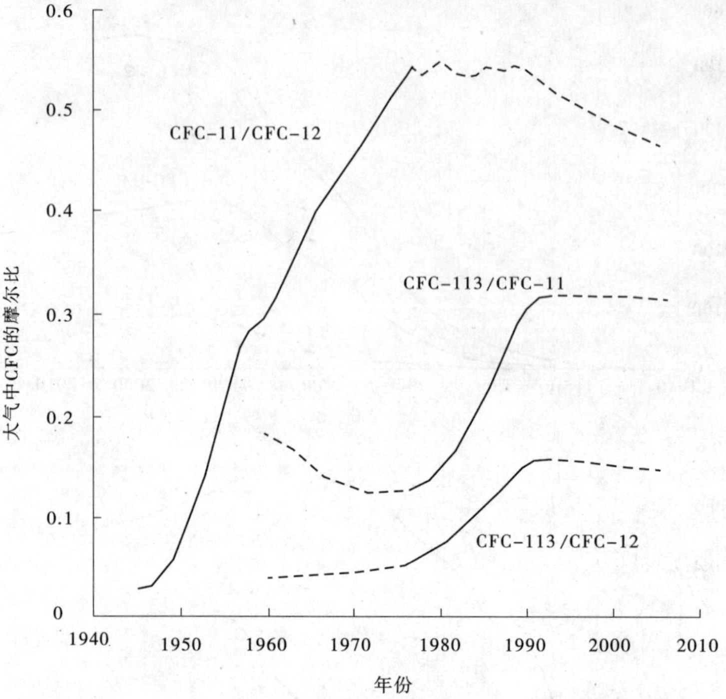

图 4-9　北美大气中自 1940 年以来 CFC 比值变化图(实线指示可以用于测龄的时段)[43]

(据 Use of Chlorofluorocarbons In Hydrology, IAEA, 2006)

作用已得到日益广泛的重视,并初步达到应用的阶段。在水资源研究中有应用意义的 CFCs 有 3 种,它们分别是:CFC-11、CFC-12、CFC-113。测定地下水中 3 个 CFCs 物质可以为识别发生混合作用提供非常重要的信息,可以计算出新水的年龄和在混合水体中所占的比例。

4.5.4.1　用 CFCs 确定地下水年龄的几个基本假设

年龄这一概念是指从补给时间至取样时间差,并将其称为表观年龄或模式年龄,也称之为补给年龄。虽然时常称之为地下水年龄,而实际上是测的环境示踪剂的年龄,而非携带环境示踪剂的水的年龄。示踪剂是如何与水一起运动、发生混合的程度以及其他一些物理化学过程(降解、吸附、分散、扩散)均影响其在水中的浓度,因此基于示踪剂确定出的补给年龄是实际年龄的一个近似值。

利用 CFCs 确定地下水年龄的有效性取决于 CFCs 运移过程与水运动过程的一致性。其物理、化学过程对地下水中 CFCs 浓度的影响,并且可能改变地下水中 CFCs 浓度,导致计算的表观年龄发生偏差。因此,在一定前提条件下,可以认为地下水中 CFCs 年龄为地下水年龄的近似值。

利用地下水 CFCs 浓度进行测龄,需要设定几个基本假设:

(1)样品具有代表性,也就是能代表给定含水层的地下水样品;

(2)水样与不饱和带空气在补给时已达到了溶解平衡;

(3)气体的溶解度为温度、压力和溶质含量的函数;

(4)已知大气中历史时期 CFCs 浓度,并且非饱和带 CFCs 浓度与大气中浓度一致。

4.5.4.2　地下水 CFCs 浓度测龄法

4.5.4.2.1　地下水 CFCs 浓度测龄基本原理[43]

地下水年龄的确定都是建立在一定的水流假设基础上,活塞式模型应用于许多地下水年龄测定方法中。它也是 CFCs 测龄方法的一个基本模型。假设地下水体中 CFC s 与补给水进入含水层并随之与大气隔绝时大气圈中 CFCs 压力是平衡的,进入含水层后的地下水未受到局部 CFCs 源的污染,在含水层中的 CFCs 未受到后来的地球化学、生物或水文过程的改变,水样中所含的 CFCs 浓度代表了取样时含水层地下水的 CFCs 含量。

利用 CFCs 测龄是以测量地下水中 CFCs 浓度的亨利(Henry)定律的应用为依据。在理想气 - 水平衡体系中,溶解的 CFCs 遵循气体溶解的亨利定律:

$$C_i = K_H P_i \tag{4-62}$$

式中:C_i 为 CFCs 在水中的溶解度;K_H 为亨利定律常数,与温度及水的盐度有关;P_i 为大气 - 水平衡时大气中 CFCs 的分压,定义为:

$$P_i = x_i(P - P_{H_2O}) \tag{4-63}$$

式中:x_i($x_i \ll 1$)为干空气中 CFCs 气体的摩尔分数;p 为总大气压;P_{H_2O} 为水的蒸汽压(Warmer 和 Weiss,1985)。对理想气体而言,可以用干空气混合比(体积比)代替干空气摩尔分数。

Henry 定律常数是通过 CFC - 11、CFC - 12 和 CFC - 113 溶解度常数计算获得。

$$\ln K_H = a_1 + a_2\left(\frac{100}{T}\right) + a_3\ln\left(\frac{T}{100}\right) + S\left[b_1 + b_2\left(\frac{T}{100}\right) + b_3\left(\frac{T}{100}\right)^2\right] \tag{4-64}$$

式中:T 为温度,Kelvin 度;S 为盐度,wt‰。

在温度为 273 ~ 313 K(0 ~ 40 ℃)、盐度为 0 ~ 40‰和 1 013.25 hPa 总压条件下,纯水和海水的 CFC - 11、CFC - 12 和 CFC - 113 的亨利定律常数已经测出(Warmer 和 Weiss,1985;Bu 和 Warner,1995)。表 4-4 为用最小二乘法拟合 K_H 与温度、盐度相关公式中所需的计算参数。

表 4-4　K_H 计算参数

CFC	a_1	a_2	a_3	b_1	b_2	b_3
K_H(mol /(L · atm))						
CFC - 11	- 136.269	206.115	57.280 5	- 0.148 6	0.095 114	- 0.016 34
CFC - 12	- 124.440	185.429 9	51.638 3	- 0.149 78	0.094 668	- 0.016 00
CFC - 113	- 136.129	206.475	55.895 7	- 0.027 54	0.006 033	—
K_H(mol/(L · atm))						
CFC - 11	- 134.154	203.215 6	56.232 0	- 0.144 45	0.092 952	- 0.016 00
CFC - 12	- 122.325	182.530 6	50.589 8	- 0.145 63	0.092 509	- 0.015 66
CFC - 113	- 134.243	203.898 0	54.958 3	- 0.026 32	0.005 874	—

为了计算水的 CFCs 表观年龄,首先需要计算补给温度下的亨利定律常数,将水中

CFCs浓度转换为大气混合比。对于海水需要作盐度校正,而对一般地下水样品,则不需要校正盐度。需要给出补给高度,以计算大气总压 P,补给高程小于3 000 m时的大气总压可用下式估算:

$$\ln P = -H/8\ 300 \quad (4\text{-}65)$$

式中:H 是补给高度,m。

补给高度的不确定性,可引起较大的年龄计算误差,在使用时应该注意。因为补给发生于湿地不饱和带,相对湿度接近100%。需要从CFCs总压中减去水的蒸汽压,水的蒸汽压计算公式为

$$\ln P_{H_2O} = 24.454\ 3 - 67.450\ 9\left(\frac{100}{T}\right) - 4.848\ 9 - \ln\left(\frac{T}{100}\right) - 0.000\ 544S \quad (4\text{-}66)$$

利用浓度方法测龄要计算出补给时地下水的温度。补给温度是指不饱和带底部温度,或水与大气隔离时的温度。确定补给温度的方法有如下几种:

(1)惰性气体方法。在水-气平衡过程中,氮氩溶解进入地下水。由地下水中氮和氩浓度可以计算补给温度(Heaton, 1981; Heaton 和 Vogel, 1981)。如果当地条件变化较大,利用该方法计算出来的温度可能受到明显的影响,所以在一个地区适当多采集一些样品,会减少一些因局部因素对计算的补给温度的影响。

(2)同位素方法。稳定同位素成分,可以揭示水的来源,补给水同位素组成特征。气候信息可以通过温度与稳定同位素的相关关系来确定。选择进行确定温度的样品,不能发生蒸发,或受到其他因素的明显改变。

(3)经验数据方法。取年平均或季节平均温度。对于不饱和带较薄的地区,还应该注意时间变化对补给温度的影响。在不饱和带厚的地区,补给温度与年平均温度,或土壤温度相似(Heaton 和 Vogel, 1981)。而在不饱和带比较浅的情况下,雨季的平均气温和浅水温度并不总与补给水的温度相近。不饱和带薄,且位于零带(年平均温度带)以上时,水位线上部的温度随季节空气温度变化,由 N_2-Ar 确定的补给温度介于年平均温度和补给期平均温度之间(Matthess, 1982)。

4.5.4.2.2 CFCs表观年龄确定

根据前面所述计算公式,利用亨利定律将地下水中测定出的CFCs浓度转换成与之平衡时对应的大气CFCs浓度(混合比或CFC分压),然后与相应大气浓度CFCs增加曲线相比较,获得CFCs表观年龄。

图4-10为CFC表观年龄确定的一个例子,样品CFC-11、CFC-12和CFC-113分析浓度分别为486.5、200.6 pg/kg和28.8 pg/kg,假设补给温度为10℃,补给高度为0m,同时假设土壤带空气浓度与北美大气对流层空气浓度相同,不需要进行盐度校正,利用亨利定律可计算出3个CFC的分压分别为170、306 pptv和23 pptv,然后在浓度曲线图上找出对应浓度指示的补给年份。

图4-10中3种CFC浓度显示地下水均为1980年补给的,如果样品是2005年采集的,则地下水表观年龄为25年。

一般地说,3种不同CFC浓度都应进行分析,相应地,可以获得样品的3个年龄,如果3个年龄十分接近,则计算出的年龄数据就十分可靠。如果CFC-113未被测出,表明地

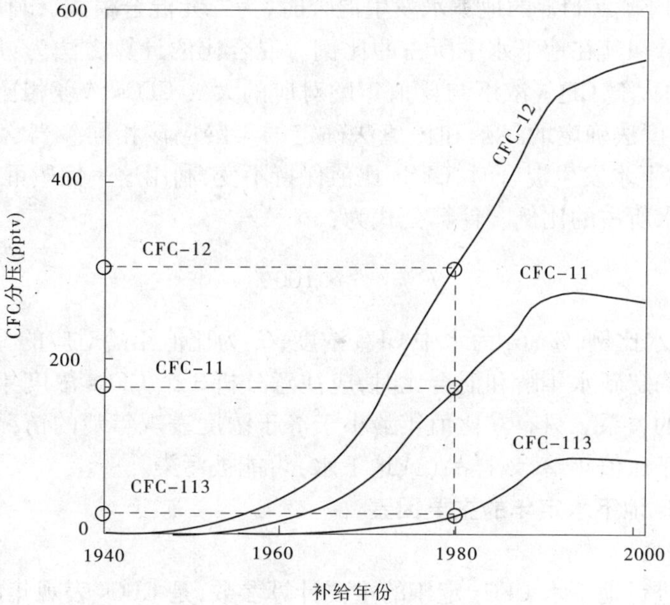

图4-10　CFC表观年龄确定示意图[43]

下水年龄相对较老,起码是20世纪70年代早期补给的地下水;如果3种CFC均未测出,表明地下水至少是40年代以前补给的。

CFC-11和CFC-12年龄一致,CFC-113年龄小时,新老水之间很可能发生混合;3个CFC年龄都不同,CFC-12最年轻,其次为CFC-113,CFC-11年龄最老,地下水很可能受到降解影响。CFC-11和CFC-113都存在时,CFC-12可能未受到降解影响。CFC-11和CFC-113完全消失时,CFC-12可能受到某种程度的影响。

表观年龄非地下水的实际年龄,一般而言,是指从不饱和带底面算起的时间。另外,有一些因素会影响地下水CFCs年龄,需要特别注意。

4.5.4.3　CFC比值法测龄

如图4-9所示,大气中CFC比值也随时间而变化,与利用单个CFC浓度测龄一样,可通过CFC比值来确定地下水表观年龄。不同CFC间比值(CFC-11/CFC-12、CFC-113/CFC-12和CFC-113/CFC-11)可测定年龄范围不同,如CFC-11/CFC-12的值定年范围为1947~1976年,而在1992年以后补给的水,用CFC-11/CFC-12值将得出两个表观年龄。CFC-113/CFC-12值的测龄范围为1975~1992年。CFC-113/CFC-11值的测龄范围为1975~1990年。

在均质、没有发生混合的含水层,如果没有发生化学或物理过程来改变水样CFCs年浓度,则既可利用单个CFC浓度来测龄,也可利用CFC比值来测龄。

4.5.5　混合计算

CFCs年龄基于浓度值计算得出的,但当不同年龄的地下水发生混合时,CFCs的浓度变化,同时其表观年龄也发生了变化。因为大气CFCs浓度与时间不是呈线性变化,表观年龄也不会与混合水中每一组分成比例。二元混合模型是一种简单而常用的计算模型,有助于研究含CFCs和不含CFCs地下水之间的相互关系。

在含 CFCs 和不含 CFCs 的地下水发生混合时，为二元混合模式，CFCs 比值可以确定年轻地下水的年龄和其在地下水中所占的比例。混合比的计算方法为：用水－气平衡时对应水中 CFCs 的大气 CFCs 浓度与比值年龄对应的大气 CFCs 浓度相比。在均匀的、无混合的样品中，浓度法确定的年龄和比值法确定的年龄应该相同。当含 CFCs 的地下水与不含 CFCs 的地下水发生混合时，CFCs 比值保持不变，利用这一性质可以确定混合水中新水的年龄和新水所占的比例。计算公式为：

$$F = \frac{C_i}{C_r} \times 100\% \tag{4-67}$$

式中：F 为计算新水比例，%；C_i 为水中 CFC 浓度；C_r 为比值年龄对应的 CFCs 浓度。

利用比值法确定新水年龄和混合比时，应注意分析 3 个 CFCs 浓度年龄的相互关系，以及比值法年龄的关系。只有在比值年龄小于等于浓度表观年龄的情况下才是合理的，如果表观年龄小于比值年龄，该样品（或地下水）可能被污染。

4.5.6 影响 CFCs 地下水定年的主要因素

4.5.6.1 补给温度

补给温度是进行地下水 CFCs 定年的重要计算参数，是 CFCs 表观年龄的影响因素之一。地下水中的 CFCs 受补给温度的影响，CFC－11、CFC－12、CFC－113 的溶解度取决于形成地下水时温度，并随温度的升高而下降。一般用 N_2－Ar 和惰性气体方法来定地下水的补给温度，或由浅层地下水温度和年平均温度确定。地下水补给温度参数对计算地下水 CFCs 年龄有重要影响，高估补给温度会使年龄变新，低估则使年龄变老。补给温度有 2 ℃的偏差时，可产生 1～3 年的年龄偏差，这种情况对于 1990 年以后形成的地下水由补给温度偏差引起的年龄偏差更为明显。

4.5.6.2 不饱和带厚度

厚的不饱和带分隔开了水与大气的联系，土壤大气中的 CFCs 浓度可能会与大气中有所不同。土壤空气中的 CFCs 浓度取决于 CFCs 在土壤中的运动速率，一般情况下，应该小于在大气中的浓度，如果不考虑这一因素，地下水年龄会偏高。

CFCs 在土壤中的运动方式：气体通过土壤可以通过气－液之间的扩散、对流来实现。在土－气界面上，几米范围内以对流为主，而在较深处，以扩散为主。这在多数土壤剖面 CFCs 测试中都得到验证。有一个例外就是在低入渗率的裂隙岩石，由于压力的变化可以将空气引入到土壤深处。

4.5.6.3 污染

大气中初始 CFCs 浓度由于会受到大气或局部大气中 CFCs 异常浓度的影响或干扰，会对测定结果造成一定的偏差。了解研究区历史时期大气中 CFCs 浓度变化是十分必要的。城市大气、城市污染物、农业灌溉等过程形成局部的污染源对地下水也可能产生一定的干扰。因此，在利用本方法时，还需要了解当地各种可能污染源的情况。抽水过程可能会引起浅层水进入到水井内部，从而引起井水受到浅层地下水的污染。当井套管密封不严，或通过岩石裂隙与地表的通道，一些井水中可以出现异常的 CFCs 浓度。比如，在 Oklahoma 二叠系裂隙砂岩中一口生产井连续取样 3 h，发现有 CFC－11 异常（Busenburg 和 Plummer，1992），该水井流量为 16 L/s，已经生产多年，^{14}C 活度为 3.5 PMC，$T<0.1$ TU。

因此，认为地下水中的CFCs，以及瞬间出现的CFC－11异常，代表了少量的浅层受CFC－11污染的水被吸入到井内。其他一些污染可来自钻井过程，如果井内残留一些含CFCs的钻井液，或受到CFCs污染的一些设备的使用可对水造成一定的污染。地下水中CFCs浓度超过了与现代空气平衡时的浓度，说明该样品受到其他污染源的污染。CFCs浓度超过与现代空气平衡值时，无法给出地下水的年龄。

4.5.6.4　微生物降解

生物降解实验表明，在厌氧环境下，CFC－11和CFC－12会发生降解，而且CFC－11降解的速度快于CFC－12，但在未被污染的、还原的地下水环境中，CFC－11和CFC－12发生生物降解的过程较缓慢，在厌氧产生甲烷的土壤中，CFC－11和CFC－12可能会降解，在加热消毒或氧化加热消毒沉积物中未发现有CFCs降解现象，另外，在有氧环境下未发现有CFCs降解现象。由于在厌氧环境下，CFCs容易发生降解，因此确定研究区地下水的氧化还原环境十分重要[43]。

第 5 章　环境同位素取样和分析

利用环境同位素进行水文学研究时,同位素取样和分析是同位素研究非常重要的一环,直接关系到分析结果的精度,因为分析结果的可靠性决定分析结论的可信度。不正确的数据不仅浪费研究者的经费和时间,最重要的是影响研究结论。

在一个研究区进行同位素研究时,不仅要采集地下水水样,还要采集地表水水样以及补给区的降水水样。取样前要首先制定取样方案,确定取样点位置、取样时间间隔和取样时期,水样首先要经过同位素实验室的处理,然后进行分析和数据解译。下面介绍黑河项目同位素取样原则和取样情况。

5.1　同位素取样点选择

在进行野外水文地质调查基础上,对黑河流域水文地质条件进行了研究分析,并根据项目研究目的和内容,选择了 10 条取样剖面线,剖面线方向主要有两个,一个是与河流走向基本平行,一个是与河流走向垂直,此外,还需考虑地下水流向等因素。

自 2001 年 6 月 ~ 2004 年 9 月,项目组先后 5 次在黑河流域进行了野外取样(见图 5-1),样品包括降水、地表水和地下水水化学、稳定同位素 $\delta^{18}O$、δD 和放射性同位素 ^{3}H、^{14}C 以及 CFC 等,在野外取样现场还测定了水样的电导率(EC)、pH 值和温度等。此外,在 2001 年 6 月,在黑河还采集 ^{222}Rn 样品。5 次野外取样的地点位置见图 5-2。

图 5-1　项目组在野外取样

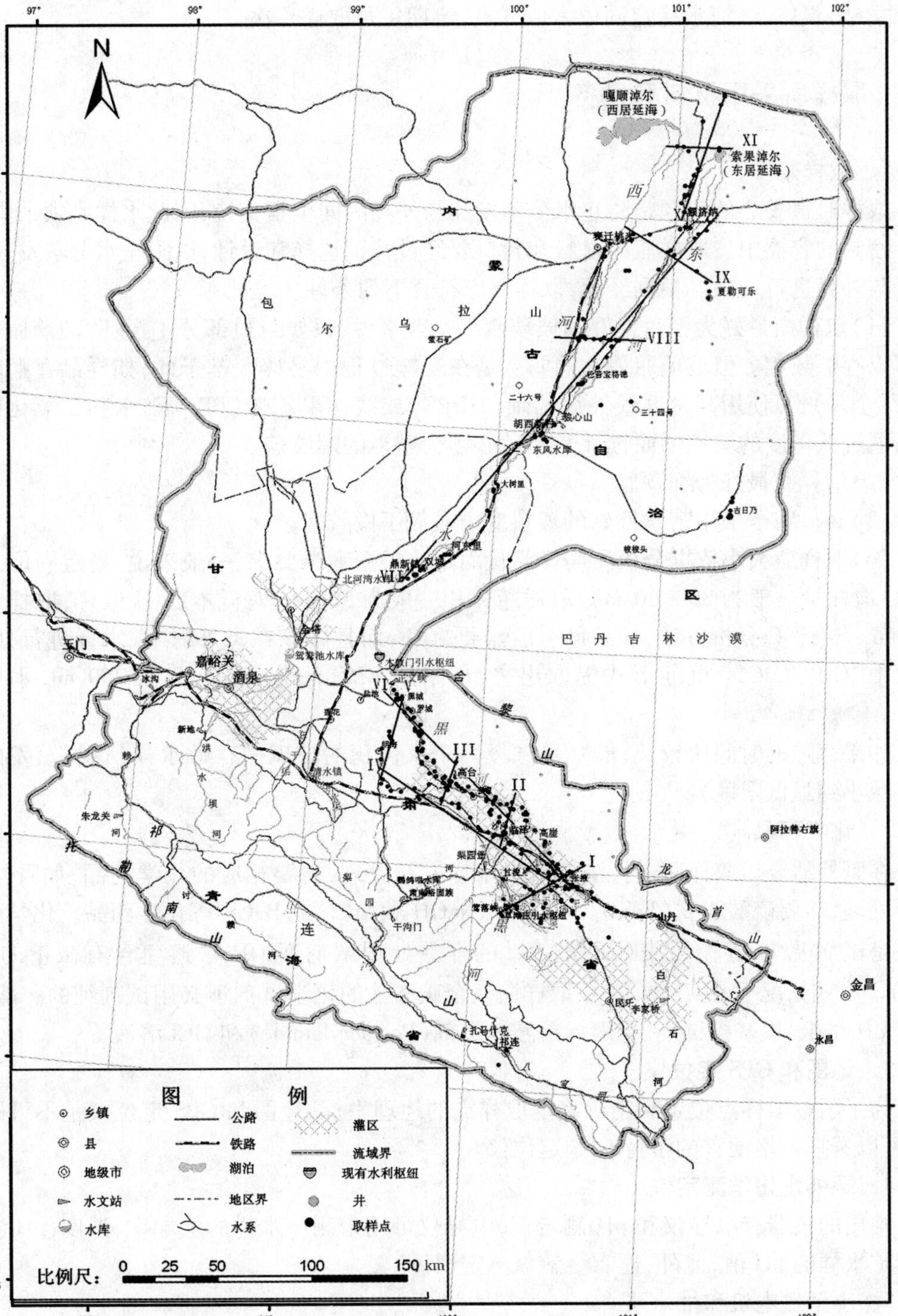
嘎顺淖尔
（西居延海）
索果淖尔
（东居延海）
XI
X
IX
VIII
VII
VI
V
III
II
I
额济纳
夏勒可乐
巴音宝格德
二十六号
三十四号
狼心山
胡西新
东风水库
大树里
古日乃
河西里
鼎新
双城
北河湾水库
巴丹吉林沙漠
内
蒙
古
自
治
区
甘
肃
省
玉门
嘉峪关
酒泉
冰沟
新地
鸳鸯池水库
大墩门引水枢纽
清水镇
高台
临泽
高崖
梨园堡
甘浚
张掖
莺落峡
黑河
山丹
民乐
李寨桥
扎马什克
祁连
干沟门
朱龙关
阿拉善右旗
金昌
永昌
巴丹吉林沙漠
宗乃山
北大山
合黎山
龙首山
祁连山
托勒南山
走廊南山
图 例
乡镇
县
地级市
水文站
水库
公路
铁路
湖泊
地区界
水系
灌区
流域界
现有水利枢纽
井
取样点
比例尺：
0 25 50 100 150 km
97°
98°
99°
100°
101°
102°
42°
41°
40°
39°
38°
37°
N

图 5-2 黑河流域采样点

同时,在上、中游5个水文站(上游扎马什克、祁连和莺落峡水文站,中游高崖和正义峡水文站)设降水、河水稳定同位素取样点,定期每月取样一次。

5.2 取样所采用材料和设备

5.2.1 取样瓶

取样时最关心的问题是防止水分蒸发和与外界的同位素交换,因此水样必须采集、储存在密封的容器中。取样瓶的材料和封口要经过特别选择和设计,以阻止水分蒸发、扩散或者与外界进行交换。根据经验,取样瓶应符合下列条件。

(1)取样瓶最好为密封性好的玻璃瓶。一般来说,只要封口部分不损坏,玻璃瓶中水样可以存贮数年。但玻璃瓶最大的弱点是在运输过程中易碎。基于此,如样品存贮时间短(几个月),可使用高密度线性聚乙烯(HDPE)或线性聚乙烯(PP)瓶(水和二氧化碳很容易通过低密度的聚乙烯而扩散),瓶盖必须为密封的螺纹盖。

(2)取样瓶最好为细颈瓶。

(3)封口盖子采用密封性好的塑料塞子或氯丁橡胶塞子。

(4)取样瓶大小依据分析所需样品量而定。根据测试要求,一般来说,稳定同位素^{2}H和^{18}O取样量一般为30~50 mL,取样瓶体积一般为50 mL;对低本底^{3}H取样,取样量需500 mL;传统^{14}C分析方法,样品量一般需要50 L,而且应该在野外对^{14}C水样进行处理,将水中^{14}C以$CaCO_3$沉淀形式提取出来,如采用AMS法分析^{14}C,只需250 mL水样就够了。

如果存贮的时间比较长,最好是选择一个大体积的玻璃瓶存贮水样(这样蒸发的影响将减小到最低限度)。

5.2.2 化学药品

在野外需要对取样瓶进行清洗或对水样进行处理,需要相应的化学药品,如野外^{14}C水样处理,需要硫酸亚铁($FeSO_4 \cdot 7H_2O$)、NaOH和$SrCl_2$或$BaCl_2$等化学药品。化学药品应该是试剂极纯,避免污染(如作$^{14}C_{DIC}$的样品处理试剂NaOH中避免含有微量的$CaCO_3$)。有些情况下,用于酸洗^{14}C取样瓶残余碳酸盐的化学试剂不必用试剂纯的。此外,还需pH试纸、甲基橙试剂、聚丙烯酰胺速沉剂(Polyacrylamide)和HCl溶液等。

5.2.3 地图和GPS定位仪

为了了解取样点位置和精确确定取样点的地理坐标,地图和GPS定位仪是不可缺少的,可以选择价格便宜的手持GPS定位仪。

5.2.4 野外水化学测定仪

常用的仪器有电导仪和pH测定仪,电导仪可用来测定水样的电导率、温度;pH测定仪测定水样的pH值,此外,还有溶解氧测定仪。

5.2.5 小型发电机和抽水泵

在野外地下水取样中,地下水井中地下水常被污染,且受蒸发等因素影响不能真实地反映地下水的性质,因此取样前应采用抽水泵对地下水抽取一定时间,以排走"旧水",保证所取水样为新鲜的水样。

5.2.6　定深取样器

在多层含水层系统中取样时，需要取不同层位、不同深度地下水代表性样品，定深取样器是不可缺少的。

5.2.7　测绳或测尺

在野外，取样常需要了解地下水埋深或确定取样深度，需利用测绳或测尺来测量地下水位（埋深），确定取样深度等。

5.2.8　取样桶

在取样中，取样桶是不可缺少的，特别在进行地表水提水取样时。取样桶最好为金属的，因塑料桶轻，不易下沉；同时取样桶不宜过大，一般家用大小即可。在进行^{14}C取样时，还需要用到大取样桶，可采用常见的 25 L 塑料桶。

5.2.9　标签

对野外取样进行编号识别，防止混淆。

5.2.10　取样记录本

用于取样信息记录，包括水样编号、取样日期、取样地点、水样类型（大气降水、河水、湖水、地下水等）、取样方式、取样深度、水温及气温、电导率、取样目的、取样所处自然环境和取样人等。

5.2.11　其他

在野外取样中，还需相机、胶带、绳子、小刀等。

5.3　野外取样工作步骤

在野外取样，要进行的工作主要有样品采集、现场水样物理化学性质测定和取样记录等，具体步骤如下：

（1）首先，确定取样点地理坐标。在地图或航空照片基础上，利用 GPS 定位仪精确确定取样位置，如条件允许，还应测定取样点海拔高程。

（2）测量取样井地下水位、埋深、取样深度（距地下水面或地表水）。

（3）了解井孔所揭露的地质剖面、含水层厚度和含水层性质；取样井的结构（包括滤管或滤网情况）、大小形状；如取样井为自流井，还需测定出水流量等。

（4）取降水样品，还需记录降水量情况；进行地表水（河流、湖）取样品应记录天气情况、河水流量、水位等。

（5）在野外现场，还应测定水样物理化学性质，如水温 T、pH 值、电导率 EC 和其他的化学组成等。

（6）取样前，用样品水至少清洗取样瓶 3 次。

（7）取样瓶一般情况下应装满，不留空隙，但在冬季取样时，为防止在运输过程中水结冰冻裂，取样瓶中不应装满，保留一定空间。取样时还应考虑取备份样，以备需要重复测定用，备份样品量与样品需要量相等。

（8）水样取好后，要立即封好瓶口（最好再用防水胶带封口或蜡封），用防水笔填写事先打印好的标签（一般包括样品编号、日期、地理位置、水样类型、分析项目、采集者姓名等，见表 5-1），将标签贴在样品瓶做好标记，并用透明胶带将标签完全盖住，防止水浸湿。

表 5-1　标签（样表，供参考）

样品编号	
日期	
取样地点	
水样类型	
分析项目	
取样者姓名	

（9）同时填写取样记录，包括取样地点、取样人、水样类型（大气降水、河水、地下水（潜水、承压水）和泉水等）、取样方式、取样深度、水温和气温以及取样点地形地貌、测试内容等。取样记录应与取样瓶上标记一致，参考样表见表 5-2。

表 5-2　同位素样品取样单（样表）

编号		取样人	
取样地点			
取样时间		取样点经纬度（*X*，*Y*）	
海拔高程（m）		水样类型	
样品温度（℃）		取样时气温（℃）	
取样深度（m）		样品量（mL）	
EC 值		pH 值	
取样地点地层地貌描述			
测试目的与测定项目			
备注			

（10）现场拍照。在野外取样点用数码照片记录取样过程、取样点地形地貌等，以备存档。

5.4　取样方法

在地下水研究中，常用的环境同位素示踪剂有稳定同位素 ^{18}O、^{2}H、^{13}C 和放射性同位素 ^{3}H、^{14}C 和 ^{222}Rn 以及有机示踪剂 CFCs 等。这些同位素的制样和测试方法不同，因而取样方法也不同。

5.4.1　降水取样

在同位素研究中,降水测试项目有稳定同位素^{18}O、^{2}H和放射性同位素^{3}H。降水取样要根据研究目的制定降水取样方案,对于降雨监测通常是以月为时间间隔,每个月都要尽可能采集样品,将每次采集的雨样密封后及时放入冰箱的冷藏箱中保存,如 1 月有多次降水则应等量混合后,作为一个样品。严禁接取房檐上或其他物体上流下来的雨水,在取样时,同时使用雨量计记录降水量,以便计算降水同位素组成的加权平均值。

降水取样最重要的是防止样品收集过程中的蒸发影响,特别对收集时间较长的降水取样(如取月降水样品)。为减少或避免蒸发,取样最好采用特殊取样装置,如用一个漏斗形容量瓶放在取样点进行收集,事先向容量瓶内装入至少 2 mm 厚的液态石蜡或矿物油,这些东西浮在水上可阻止水样蒸发。当倒出收集的降水装入样品瓶时,尽可能不要使矿物油进入取样瓶中。

对于采集雪样也应防止蒸发,在降雪后尽快取样装瓶,升华、重结晶等都会改变原始雪中的同位素组成。

5.4.2　地表水取样

地表水样品取样相对比较简单,取地表水样品需要注意的是尽可能在河流或者小溪中部流动速度快的地方采取水样,避免直接取河岸边近于静态的水,因为靠岸边的水常受蒸发和污染影响。为取到合适的地表水样品,可在船上、桥上或缆车上等用取水设备如水桶提取水样。测定水的物理化学性质,然后用样品水清洗取样瓶 3 次后直接装瓶。

5.4.3　地下水取样

进行地下水取样时,必须考虑以下问题:①样品能否代表当地地下水,是否受到蒸发或污染;②所取样品是否代表所需研究的含水层地下水,是否是混合水样。

地下水取样可在泉水露头(出口)处、抽水井出水口、观测井等进行取样。

5.4.3.1　天然泉

天然泉水是理想的地下水取样点,必须注意取样点应尽可能接近排泄点。对流动快的泉水,可直接在泉水出口处采集样品;对泉水出流量小,出流速度慢,受蒸发影响大的泉水,应将旧的泉水排走,取新鲜的泉水样品。

5.4.3.2　井(孔)

对于所有的地下水样品,取样前应尽可能地了解取样孔中水文地质情况,如取样井的结构、含水层的性质,井泵的类型和深度,在此基础上确定取样含水层、取样深度;民用井、工业井和市政抽水井都可作为水样井,可不必抽水洗井,取样点应尽可能靠近出水头部,这种水井虽然取样方便,但并非理想的取样井,因为这些井无法控制水井的取水层位,可能为多个含水层的混合水。为了保证取样质量,对长时间不用或可能受污染的水井应进行冲洗(将井内存水抽出),应抽出两倍井管内水体积的水后或者是水中 pH、*EC* 达到稳定时再行取样。为防止空气大量混入,严禁用压风机抽水取样。

分层观测井或钻井是比较理想的取样井,是获得不同含水层地下水样品的重要途径。取样前也应抽出几倍井管内水体积的水后再行取样。根据工作要求,也可用定深取样器取含水层不同深度的水;不同含水层要分开取样。

5.4.4　环境同位素取样

5.4.4.1　氢氧同位素取样样品

^{18}O、^{2}H 取样过程样品比较简单，按照前面所述采样规范和步骤，^{18}O、^{2}H 同位素取样量为 50 mL，同时取等量的备份样品，完成后（装满）应立即密封、标记，防止蒸发。

^{3}H 的取样程序与 ^{18}O、^{2}H 取样一样简单，^{3}H 取样量为 500 mL，应注意防止大气污染。

5.4.4.2　DIC 中的放射性 ^{14}C 取样

放射性 ^{14}C 取样量取决于采用的测试方法，常规气体正比计数法 GPC 或液体闪烁计数法测试需要 0.5～3 g 碳，而 AMS 法测试仅需不足 10 mg 碳，但采用 AMS 法测试费用较为昂贵。通常采用常规气体正比计数法和液体闪烁计数法测试取样。

取水体积取决于水中 HCO_3^- 的含量，取样量可根据下式确定：

$$V = 25.4 \times 1\,000/X \tag{5-1}$$

式中：V 为采样量，L；X 为地下水中 HCO_3^- 的含量，mg/L。

如：地下水中 HCO_3^- 含量为 250 mg/L，需取 ^{14}C 水样 100 L。

为了确定采样量，事先需要收集研究区水质分析资料，用采样点或附近地区地下水中的 HCO_3^- 含量值，代入式(5-1)计算采样量。若缺乏这方面的资料，则需在现场对 HCO_3^- 进行测定。测定方法如下：

取 50 mL 水样放在三角烧瓶中，加 4 滴甲基橙指示剂，摇匀；用 0.5 N 的 HCl 进行滴定，使溶液由黄色变为红色。记下 HCl 用量（V_{HCl}），按下式计算 HCO_3^- 的含量：

$$X = \frac{N_{HCl} \times V_{HCl}}{V_{水样}} \times 1\,000 \times 61.02 \quad (mg/L) \tag{5-2}$$

知道了 HCO_3^- 的含量后，再用式(5-1)算出取样量。

由于取样量太大，样品量运输和储存都比较麻烦和困难，因此作 ^{14}C 测定的水样通常在取样现场用沉淀法进行处理。整个取样过程如下：

（1）将所取水缓慢注入大容器内（如 25 L 塑料桶），防止大量空气混入，避免水中 ^{14}C 与空气中 ^{14}C 接触和交换。

（2）在每个容器（塑料桶）中加入 2 g 硫酸亚铁（$FeSO_4 \cdot 7H_2O$），搅拌均匀（摇匀塑料桶）。

（3）向每个容器（塑料桶）中加入 20 mL 20 N 的 NaOH 溶液，摇匀，使溶液的 pH≥12（用 pH 试纸测定），此时，水中的 DIC 将完全以 CO_3^{2-} 的形式存在。然后迅速盖好容器的盖子，使之与大气隔绝，以防止空气中 CO_2 混入。化学反应式如下：

$$CO_2(aq) + HCO_3^- + 3OH^- \rightarrow 2CO_3^{2-} + 2H_2O \tag{5-3}$$

（4）可把预先称好的 200 g$SrCl_2$ 溶于 300 mL 地下水样中，留下 30 mL 作检查沉淀用，其余等分加入到每个塑料桶中，迅速盖好盖子，封闭摇匀。化学反应式如下：

$$CO_3^{2-} + Sr^{2+} \rightarrow SrCO_3 \downarrow \tag{5-4}$$

（5）为了加快 $SrCO_3$ 的沉淀速度，向每个塑料桶中加入 15 mL 聚丙烯酰胺溶液（将5 g 聚丙烯酰胺溶于 1 000 mL 煮沸的蒸馏水中配制），此时沉淀物变成絮团而迅速下沉。停放一定时间后，向塑料桶里再加入少许 $SrCl_2$ 溶液，检查其沉淀是否完全。

（6）最少静止放置 4 h。

(7)最后排出上层清水,把几个塑料桶中的沉淀物集中于一个取样瓶中(为保证烘干测定量达 300 g,一般需采集 500 mL 左右的 $SrCO_3$ 湿沉淀),分装在 500 mL 和 50 mL 的两个取样瓶中,分别作为 ^{14}C 和 ^{13}C 的分析样,其中 ^{13}C 取样量占 ^{14}C 取样量的 10%。盖好密封,贴上标签,送实验室。

(8)注意事项:当地下水中 SO_4^{2-} 含量很高时,要加大氯化锶($SrCl_2$)溶液的投入量(因 $SrSO_4$ 和 $SrCO_3$ 同时沉淀),否则 $SrCO_3$ 沉淀不完全,影响 ^{13}C 制样,甚至使样品作废。此时还会产生碳同位素的分馏,而使 ^{13}C 数据不可靠。

检验 SO_4^{2-} 含量高低的办法是:用烧杯取 500 ~ 1 000 mL 水样,加入 HCl 溶液,使 pH≤4,再向水中加入少许 $SrCl_2$ 溶液,若水变成乳白状或有白色沉淀产生,则说明 SO_4^{2-} 含量较高,需加大 $SrCl_2$ 溶液的使用量。

上述 $SrCl_2$ 可用 $BaCl_2 \cdot 2H_2O$ 代替,$BaCO_3$ 沉淀速度快,但 $BaCl_2 \cdot 2H_2O$ 毒性大,因此采用 $BaCl_2 \cdot 2H_2O$ 时,量不能太多,应根据水中 SO_4^{2-}、HCO_3^- 含量进行准确计算,得出 $BaCl_2 \cdot 2H_2O$ 的合适加入量。

5.4.4.3　放射性 ^{222}Rn 取样

^{222}Rn 野外取样相对其他环境同位素取样要复杂些,同时由于地表水、地下水中 ^{222}Rn 浓度差异较大,因此两者取样方法存在较大的差异。地下水 ^{222}Rn 浓度大,需用水量小,可直接取大约 14 mL 地下水加入到含有 7 mL 油状液体闪烁液(liquid scintillation)的 22 mL PTFE(聚四氟乙烯)小瓶中。而地表水 ^{222}Rn 浓度低,野外取样需水量较大(一般为 1 ~ 2 L),需用液体闪烁液将地表水中 ^{222}Rn 萃取出来。

5.4.4.4　CFCs 取样

取地下水样品时,必须特别注意大气对样品可能构成污染。在自然状态下,地下水 CFCs 的含量低于与大气接触的水的 CFCs 含量。例如,现代大气 CFC - 11 含量是 1950 年地下水 CFC - 11 的 400 多倍。一些地下水可能不含 CFCs,取样时,尤其要避免与空气接触,以免污染。

用于 CFCs 分析的样品取样注意事项与前述一样。需要注意的是避免取样设备(泵、管道和取样瓶等)污染,不要用手接触瓶口。用玻璃瓶取样的方法是:

(1)样品应装在玻璃瓶中,取样容器一般用 50 mL 玻璃瓶,封口瓶盖内要有金属衬垫。

(2)不要用手接触瓶口和密封垫,避免取样设备(水泵、管材,取样瓶等)受油类或脂肪类物质污染。

(3)使用合适的管材,金属管(铝、铜、不锈钢)能很大程度降低污染危险,如果不得不使用塑料管,则建议使用聚乙烯材料,其内壁光滑,不易吸附 CFCs,冲洗简单。

(4)取样时将空玻璃瓶和瓶盖放在大的金属桶中,金属罐要高于取样瓶。把金属或聚乙烯细管一端插入瓶底,另一端与抽水井出水管连接,向瓶内注水(见图 5-3)。

(5)瓶内水满后向金属桶内溢流,待金属桶满,水则向外溢流,溢流至少 10 min 后,保证有足够水(大于 2 L)冲洗瓶和盖,去除吸附在表面的空气和 CFCs。保持水流,在水下慢慢拉出细管,盖好瓶盖。

(6)从桶内取出取样瓶后,用胶带把瓶盖与取样瓶固定,以防在送实验室的过程中瓶盖松动,这样就完成样品的取样。注意,取样时不要用手指接触瓶口和瓶盖内侧。

(7)每个取样井取3个以上样品,记录取样顺序。

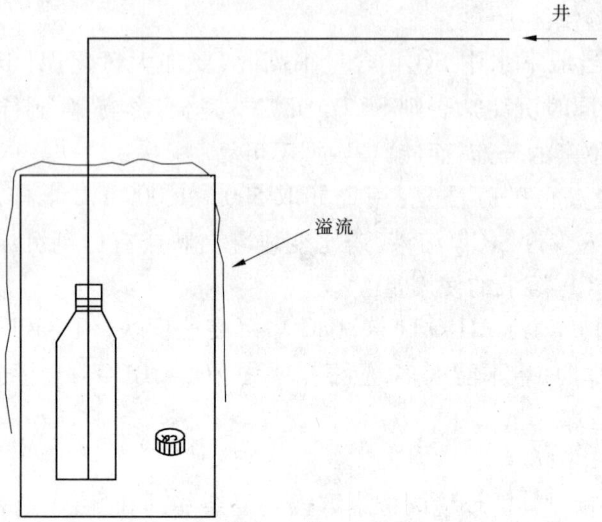

图5-3　CFCs取样示意图(郭永海等,2003)[44]

5.4.4.5　水化学取样

在进行环境同位素取样的同时,还需要进行水化学取样,以便结合分析。水化学取样较为简单,一般取水500 mL装瓶,加入稳定剂密封,取样后尽快送实验室以防水化学组成变化。

5.4.5　取样量

黑河研究项目自2002年开始工作,历时3年,在流域采集了大量环境同位素和水化学样品,为研究奠定了扎实的基础。在黑河流域干流水系821 km上,布置了10条水化学和环境同位素采集剖面。共采集:

(1)稳定同位素样品465个,其中降水样品63个,地表水样品110个,地下水样品292个。

(2)放射性同位素^{3}H样品310个,其中地表水样品55个,地下水样品255个。

(3)深层地下水^{14}C样品5个。

(4)CFCs样品180个,其中地表水30个,地下水150个。

(5)^{222}Rn样品25个,其中地表水6个,地下水19个。

(6)水化学样品228个,其中地表水45个,地下水183个。

(7)野外现场测定水样*EC*、pH值和温度487组。

5.5　样品实验室分析

5.5.1　送样

在运输过程中,应防止水样瓶封口破损,冬季防止水样瓶冻裂,夏季避免阳光照射;

送样时，要填写送样单，标明送样单位、样品数量、样品编号、分析项目和分析要求，并交分析人员当面核定验收。

当样品不能立即分析，应采取相应措施存放，一般应保存在阴凉处。

5.5.2　分析

黑河采集的环境同位素样品分别送到有关实验室进行分析。

氢氧稳定同位素样品主要在澳大利亚 CSIRO Land and Water 阿德莱德实验室和中国科学研究院地质与地球物理研究所同位素实验室进行测试分析。

$\delta^{18}O$ 采用 CO_2 平衡法，用质谱仪测定，$\delta^{18}O$ 分析精度为 ±0.2‰；稳定同位素 δD 采用锌还原法，用质谱仪测定，δD 分析精度为 ±2‰，以 SMOW 标准表示。

放射性同位素^{3}H 样品在中国地震局新构造年代学开放实验室分析，利用Quantulus－1220 低本底液闪仪测定，分析误差一般为 ±2 TU。

^{222}Rn 样品在澳大利亚 CSIRO Land and Water 阿德莱德实验室进行分析。

CFCs 样品，2002 年 9 月采集的样品在德国测试，其他样品在中国科学院地质与地球物理研究所完成测试。

水化学分析由张掖水文水资源勘测局和黄河水利委员会上游水文水资源局完成，分析水中主要离子 Na^{+}、K^{+}、Ca^{2+}、Mg^{2+}、HCO_3^{-}、SO_4^{2-}、Cl^{-} 以及水的 pH 值、*TDS* 等。

第6章　黑河上游山区水循环特征

6.1　水资源形成和转化的地质条件

祁连山是挽近地质构造的上升区，上升幅度达数千米。山区降水和冰川资源丰富，是黑河流域水资源的形成区。山区地表径流和地下水主要来自降水、冰雪融水补给，强烈的构造侵蚀作用使山区的水文网极为发育，这些水文网是山区侵蚀基准面以上地下水的主要排泄通道，山巅地下水在向山缘运动中，绝大部分就近排泄于沟谷而转化为河水。

在出山口处山区裂隙含水层与平原区第四系含水层之间，直接以大型逆冲断层接触。山前断裂的上盘，第四纪松散沉积物以洪积—坡积的砂砾或砂石为主，厚度不稳定，含水层的分布也极不均匀，基底岩性为古生界以前的变质岩和火成岩。断裂的下盘为走廊平原的山前地带，岩性为第四纪沉积的砂砾石和砾卵石，厚度较大，基底以第三系泥岩为主。山区地下径流被糜棱岩化的断层破碎带所阻，使断层两侧的地下水位产生很大落差，祁连山高山区的地下水水位埋深一般为几十米，而山前平原区的地下水水位埋深在 100 m 以上，最深可达 200 m 以上。因此，根据该断裂两盘的岩性和地下水水位埋深状况，结合地质和钻探资料综合分析，该断裂为一逆冲断裂，上盘上升，下盘下降。地下水从上盘沿断面垂直"跌落"，说明山区断裂是"阻水屏障"，山区与平原区之间地下水的水力联系较差。

山缘阻水带使祁连山区地下径流在流出山体以前绝大部分转化为河水，其余地下水沿河谷冲积层、断裂和裂隙以潜流和泉形式流出山体，而这部分水量据调查统计只有 0.90 亿 m^3/年，占山区地下水排泄总量的 11.44%[4,5]。

6.2　上游山区地表水水化学特征

在黑河上游祁连山区，地表径流主要来源于降水和冰雪融水，因此水中矿化度 *TDS* 较低，一般在 0.3 ~ 0.7 g/L 之间，电导率 *EC* 小于 1 000 μs/cm，水化学类型主要为 $HCO_3-SO_4-Ca-Mg$ 型。

上游黑河自上而下，*TDS* 呈逐步升高的趋势，以 2004 年 6 月为例，黑河上游山区两水文控制站扎马什克和祁连站地表水电导率分别为 499 μs/cm 和 333 μs/cm，到出山口控制站莺落峡水文站（见图 6-1）则增大为 605 μs/cm，矿化度升高反映河流沿途接受矿化度相对较高地下水的排泄补给。

图 6-2 为莺落峡站 2003 年 9 月至 2004 年 8 月电导率 *EC* 值（为完整显示年内变化，按月份将其拼在一起）。从图可以看出，出山口站莺落峡年内 *EC* 变化呈现明显的规律性，与来水丰枯基本呈相反变化趋势，非汛期河流流量小但 *EC* 值较高，而汛期河水流量大，*EC* 值较低，其中 7 月份 *EC* 值达到年内最低值，说明在非汛期河川径流主要为地下水

图6-1　上游出山口莺落峡

补给,因而其 *EC* 值较高,汛期由于大量低 *TDS* 降水形成的径流补给,因而河流 *EC* 值大幅降低。

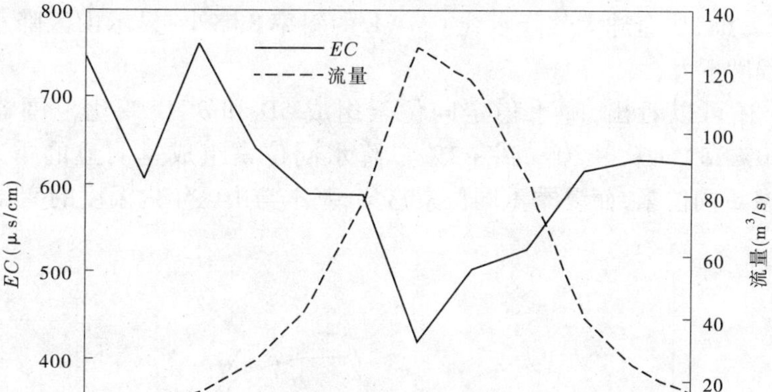

图6-2　出山口莺落峡水文站年内 *EC* 值与流量变化图

6.3　山区降水同位素组成

为了解山区同位素组成特征及变化规律,2003～2004年,在黑河上游扎马什克、祁连水文站及出山口莺落峡水文站定期(每月)采集降水、地表水稳定同位素样品。图6-3就是根据采集的稳定同位素水样分析数据绘制的降水、径流 $\delta D—\delta^{18}O$ 关系图。

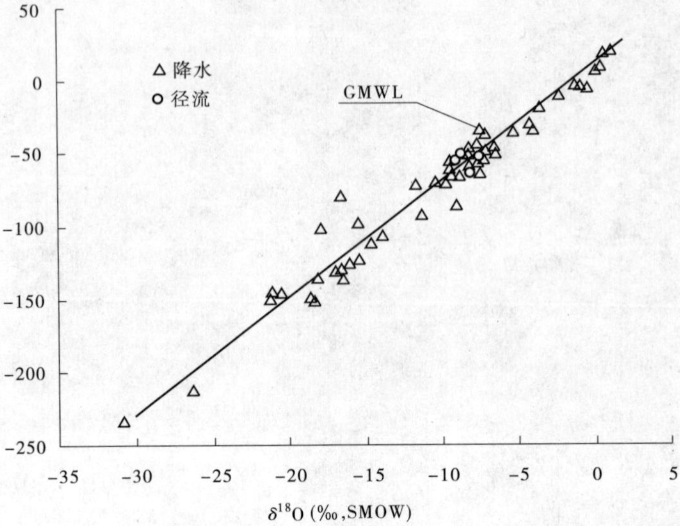

图 6-3　祁连山区降水、径流 δD—δ¹⁸O 关系图

从图 6-3 可以看出，祁连山区降水同位素数据大多落在全球大气降水线 GMWL($\delta D = 8\delta^{18}O + 10$)附近，祁连山降水 δD—$\delta^{18}O$ 关系可用以下方程式表示：

$$\delta D = 7.68\delta^{18}O + 5.8 \tag{6-1}$$

其斜率为 7.68，比全球大气降水线 GMWL 的斜率 8 略小，显示山区降水受一定蒸发影响，但影响程度不大。

从图 6-3 还可以看出，降水稳定同位素组成 δD 和 $\delta^{18}O$ 变化范围非常大，δD 从 −230‰到 +20‰，$\delta^{18}O$ 从 −30‰到 +1‰。降水同位素组成呈明显的季节性效应（见图 6-4），冬季贫重同位素，而夏季重同位素富集，基本与山区年内温度的变化一致，7 月份

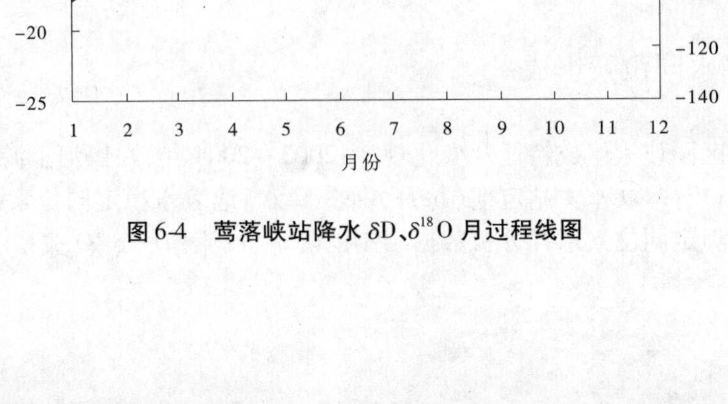

图 6-4　莺落峡站降水 δD、$\delta^{18}O$ 月过程线图

$\delta^{18}O$、δD 最高，1 月份 $\delta^{18}O$、δD 最低，反映气候等环境要素对降水同位素组成的影响。

同时根据降水同位素数据，山区降水同位素组成没有显示出较为明显的高程效应，这可能与黑河处于内陆流域有关。

山区降水 ^3H 值较高，据有关研究[45]祁连山区降水 ^3H 高达 60 TU 以上。

6.4　山区地表水同位素组成

与山区降水同位素组成相比，地表水稳定同位素组成 δD 和 $\delta^{18}O$ 变化范围相对较小，扎马什克站地表水稳定同位素 $\delta^{18}O$ 大多在 -8.0‰ ~ 9.1‰间，δD 在 -64‰ ~ -52‰间，出山口莺落峡站 $\delta^{18}O$、δD 分别在 -7.2‰ ~ -9.15‰和 -58‰ ~ -48‰间，显示自上而下黑河地表水重同位素逐渐富集。

同时山区河水同位素组成大多落在山区降水线上，说明山区河水主要由当地降水补给形成。

山区河水稳定同位素组成与降水一样也呈现明显的季节性变化，图 6-5 反映出，1 ~ 3 月河水主要来自地下水补给的基流，δD 和 $\delta^{18}O$ 平均分别为 -51‰和 -7.98‰，自 4 月份后，δD 和 $\delta^{18}O$ 迅速减小，到 6 月达到最低点，该月份 δD 和 $\delta^{18}O$ 达到最小的原因是 4 月后由于气温升高，冰雪融化，河流中融水量逐步增大，6 月份降水量虽然也有所增大，但河水中贫重同位素的冰雪融水所占比例达到最大，因而在 6 月份河水最贫重同位素。汛期 7 ~10 月，山区降水量大，河水主要来自夏季降水的补给，重同位素富集，10 月份后，温度变低，降水逐渐减少，河水 δD 和 $\delta^{18}O$ 值又开始减小。

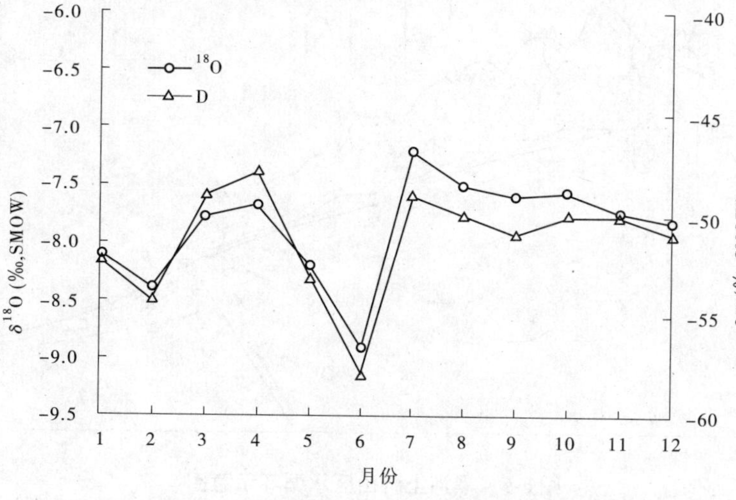

图 6-5　莺落峡站河水稳定同位素组成年内变化图(2003 年)

山区河水 ^3H(氚)值较高，莺落峡 2002 年 9 月和 2003 年 6 月 ^3H 分别为 39 TU 和 50 TU，这与本区域降水 ^3H 背景值较高有关。

6.5 山区地下水同位素组成

祁连山区地下水取样条件较差，在出山口附近取得一地下水样品，其 $\delta^{18}O$ 为 -8.2‰，δD 为 -50‰。另据有关研究[45-48]，山前泉水的稳定同位素组成较贫，其 $\delta^{18}O$ 平均值为 -9.3‰，δD 平均值为 -57‰。

6.6 黑河上游水循环特征

黑河上游山区降水量丰沛，是流域水资源的主要形成区，降水、冰雪融水形成地表径流和沿裂隙渗入地下形成地下径流，形成的地下径流向下运动，受地质构造的控制，绝大部分地下水以泉的形式就近排泄于沟谷而转化为河水，在出山口阻水构造前基本转化完成，仅有10%左右的地下水以潜流的形式进入中游盆地。在高山区由降水、冰雪融水形成的地表径流沿途接受地下水的排泄补给。

水化学和同位素年内变化特征说明，山区出山口地表水主要由降水、冰雪融水和地下水组成。非汛期的11月至次年的3月，河流主要由地下水补给，4～6月主要由地下水、冰雪融水补给，6月冰雪融水占河川径流的比例达到最大值；在汛期，河流主要由降水直接形成的径流补给。黑河上游山区水循环模式见图6-6。

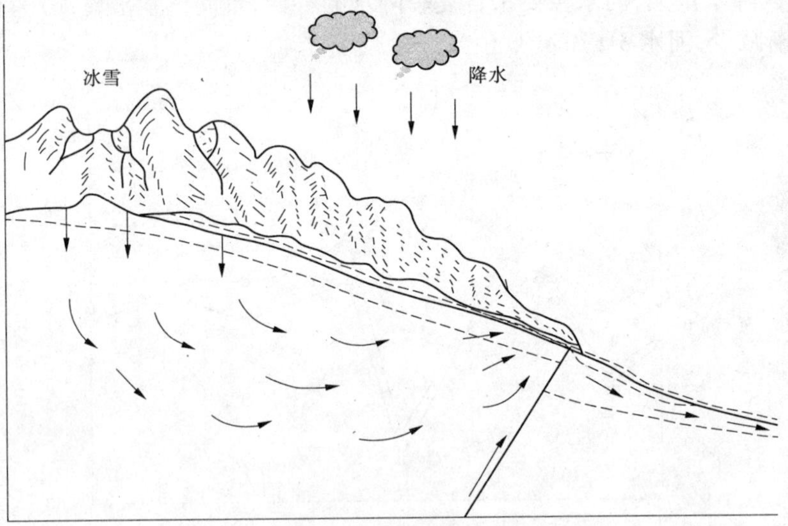

图6-6　黑河上游山区水循环示意图

山区地下水转化为河水的量可以用河川基流量来计算，根据出山口莺落峡水文站日流量资料，采用日流量过程基流切割法分割基流量，计算结果表明：1957～2004年山区地下水多年平均转化为河水的量占河川径流量的37%左右，大约为5.8亿 m^3/年，冰雪融水量占10%左右。

第 7 章　黑河中游水循环特征

7.1　地下水补、径、排条件

山区河流流出出山口莺落峡进入中游盆地，首先流经山前冲洪积扇地带，河床及其以下的地层，均为卵砾石层，具有极强的透水性，河水大量渗漏，在河床以下形成极陡峻的地下水浸润面，河流呈“悬挂式”垂直入渗补给地下水，地下水埋深可达 200 m 以上，山前冲洪积扇带是中游盆地地下水接受地表水入渗的主要补给区。

从冲洪积扇前缘到细土平原，地势降低，地形坡度逐渐变缓，含水层介质颗粒逐渐变细，黏性土体厚度增大，透水性能逐渐减弱，同时基底由南至北埋深由大变小。由于岩性的变化和基底的隆起，地下水受阻沿洪积扇前缘低洼地带以泉群的形式大量溢出地表，并汇集成“泉沟”注入黑河干流。泉水主要溢出带在张掖乌江和临泽小屯一带，泉沟流量可达 1 000 ~ 3 000 L/s。中游细土平原带是中游地区重要的农业灌区，灌溉回归水也是地下水的重要补给来源。

冲洪积扇前缘以下河段，河流切割含水层，地下水位高于河流水位，河道沿途接受地下水补给。

中游盆地地下水除消耗于开采和潜水蒸发外，地下水在河流(正义峡)处由于基岩隆起裸露而受阻溢出转化为地表水，然后主要以地表水的形式穿过北山进入下游盆地。

图 7-1 为中游地下水潜水等水位线图(2000 年)。从图中可以看出，受构造、地貌的制约，张掖盆地的地下水走向为自南东向北西运动，酒泉东盆地的地下水则为自西南向东北运动，均向黑河方向运动并排泄于黑河。受岩性和排泄作用的制约，在分选性良好的黑河—梨园河洪积扇，水力坡度小于 3‰；在分选性较差的童子坝河 - 野口河洪积扇，水力坡度达 6‰ ~ 8‰；在细土平原地带，水力坡度 4‰ ~ 5‰；在泉水排泄区和强烈蒸发的高台盐池附近，潜水水力坡度达 6‰。

中游盆地地下水的补给来源，主要为地表水(包括渠系渗漏)和灌溉回归水的入渗补给，以及少量的降水入渗补给；地下水的排泄途径有 4 个，即扇缘泉水溢出、细土平原及河流附近地带潜水蒸发、向黑河的排泄、地下水的开采。20 世纪 70 年代以来，机井开采成为中游地下水的主要排泄途径之一，主要集中在张掖，临泽县少有分布，高台县仅集中在骆驼城移民区。据 1984、1986 年调查，区内地下水开采量占其排泄总量的 6.2%。

7.2　中游地下水动态

流域中游盆地地下水主要接受具有明显季节性变化的河流、渠系和田间灌溉回归水的入渗等补给，以及季节性变化比较小的南边界侧向入流和沟谷潜流的补给，主要排泄项

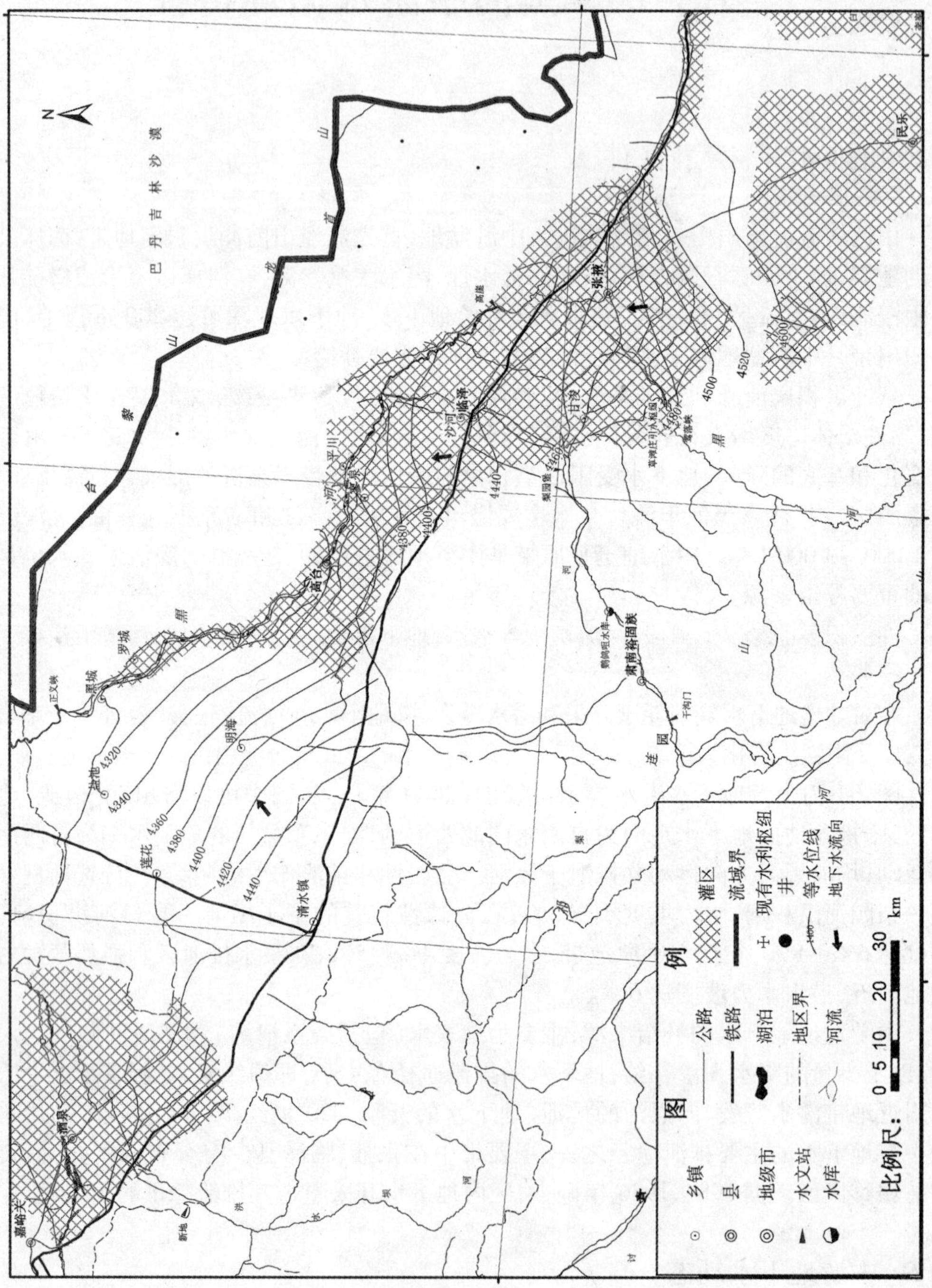

图 7-1 黑河中游潜水等水位线图（2000 年）

有泉水溢出、向河流排泄、潜水蒸发以及人工开采等，后两项更具明显的季节性特征。在这些诸多因素的共同作用下形成了中游复杂的地下水动态变化过程，地下水动态变化也不同程度地反映出河流、灌溉、开采等因素的时空分布特征。黑河中游地下水观测站点分布见图 7-2。

根据地下水动态资料，结合区域地质、水文地质条件对地下水位动态进行分析，同时分析影响地下水动态变化的各种因素，包括河流入渗、灌溉、地下水开采和蒸发作用等。根据分析结果，可以将中游地下水动态变化类型归纳为 4 个动态类型[5]。

(1)水文径流型。属于这类动态类型的地下水主要分布于祁连山前洪积扇群带和河流附近部分地区，地下水动态变化受灌溉和开采等人为因素影响较小，主要受降水、河流的季节性变化影响。

图 7-3 反映靠近山前冲洪积扇带地下水动态变化，该地带含水层透水性强，水交替强烈，地下水位的变化大体反映了河流动态的变化，并具有一定的滞后性，滞后时间为 1～2 个月。4～6 月为农灌期，由于河流通过库渠将地表水引到灌区，山前地下水位缓慢下降，6 月份后，随着河流来水的增加，水位呈迅速上升之势，到 9 月份达到最高值，之后，随着河流径流减少，水位又开始下降。

(2)径流—开采型。主要分布于张掖盆地中央地带和酒泉东盆地的骆驼城以及明花滩农业区，这些基本属于细土平原，地下水埋藏较浅，开采量较大，地下水位动态主要受人为开采的影响。

从图 7-4 可以看出，3 月份以后，随着农灌期的到来，地下水开采量大增，地下水位迅速下降，到 8 月达到最低，之后随着丰水季节的来临和开采量的减少，水位迅速回升，10 月份后又有所下降。

(3)灌溉入渗型。主要分布于临泽、高台南华以及沿黑河的近河地带，这一带地下水埋藏较浅，农业灌溉主要引用河水或泉水，地下水动态受灌溉影响很大。

图 7-5 中反映出灌溉入渗对地下水动态的影响，4 月份以前，地下水水位缓慢下降，4 月份以后，随着农灌季节的来临，地下水位随之上升，7 月份以后受河流径流量增加水位继续上升，到 10 月份达到最高。

(4)径流蒸发型。这类动态类型主要分布于黑河沿线、酒泉东盆地盐池一带地下水的浅藏带，由于地下水埋深较浅，受蒸发作用明显。

从图 7-6 中可以看出，受灌溉影响，3 月份后水位上升，5 月份达到最高值。6 月份后气温开始大幅升高，由于地下水埋藏较浅，蒸发作用强烈，地下水位显示微弱的下降。7～8 月水位最低。

7.3　水化学特征及演变规律

7.3.1　地表水水化学特征

河流出山进入中游盆地后，受蒸发和地下水沿途补给的影响，河水矿化度沿河基本呈逐渐增加的趋势。在山前冲洪积扇带（张掖黑河大桥以上），河流矿化度变化不大，自大桥以下矿化度明显增大，反映河水来源组成的变化。

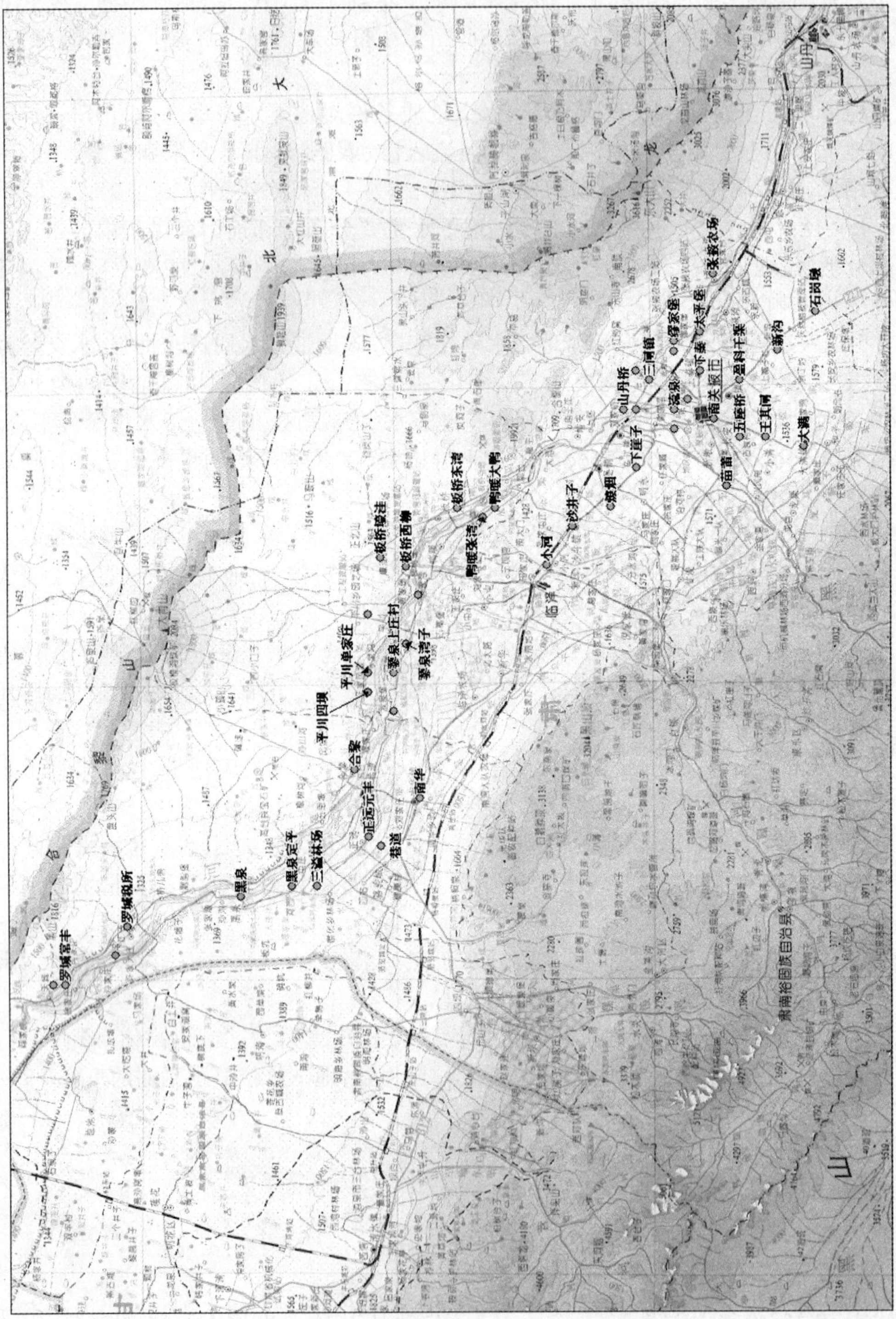

图 7-2　黑河中游地下水观测站点分布图

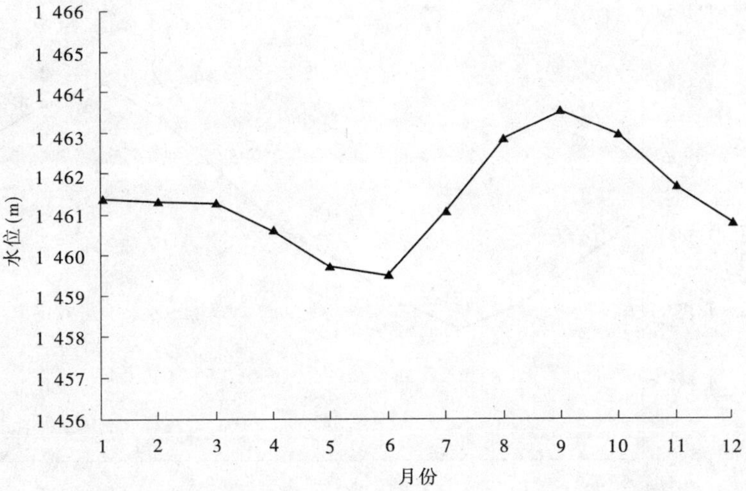

图 7-3　苗圃地下水动态变化图(1984 ~ 1993 年平均)

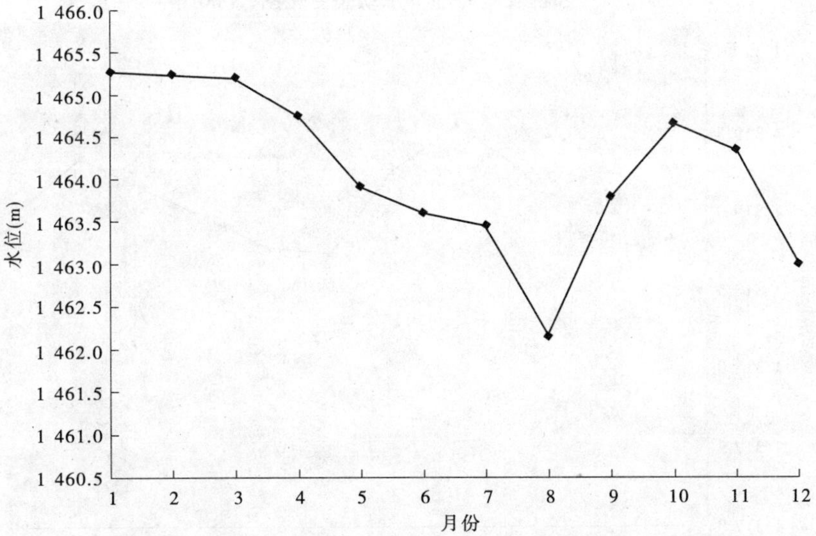

图 7-4　张掖太平堡观测井地下水动态变化图(2002 年)

表 7-1 为 2003 年中游莺落峡、高崖和正义峡 3 个水文站不同月份地表水水化学分析成果表,图 7-7 ~ 图 7-9 为 2003 年 3 个不同时期(3、8 月和 12 月)中游地表水水化学组成图。

从表 7-1 中可以看出,黑河中游河水矿化度 *TDS* 一般小于 0.5 g/L,电导率一般在 400 ~ 800 μs/cm 之间,水化学类型大多为 $HCO_3 - SO_4 - Ca - Mg$ 型,非汛期河水矿化度明显大于汛期河水矿化度。

黑河中游地表水水化学组成随上游季节性来水量的变化而发生变化。在非汛期基流情况下(3、12 月,如图 7-7 和图 7-9 所示),河流流量较小,河川径流主要来自地下水的补给,出山口莺落峡河水电导率 *EC* 为 500 ~ 600μs/cm,自上而下,河水 *EC* 逐渐增加,到正

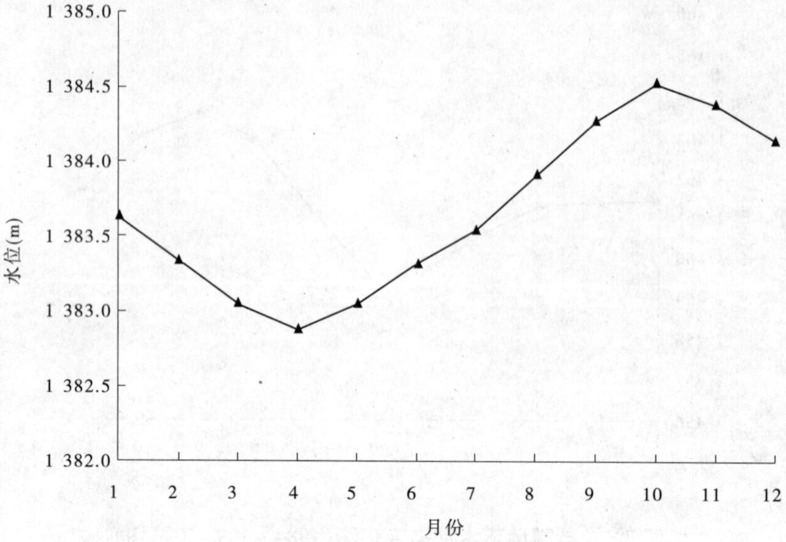

图 7-5　西柳观测井地下水动态变化图(2000 年)

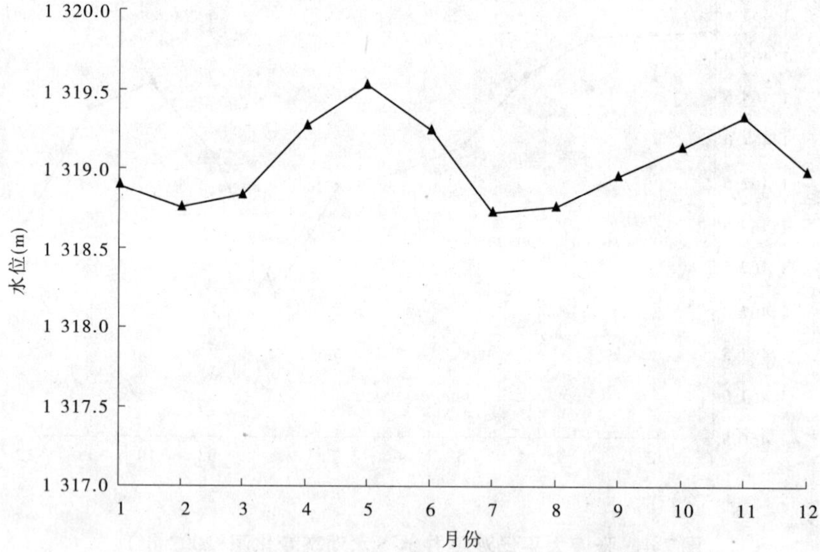

图 7-6　黑泉地下水观测井动态变化图(2000 年)

义峡 *EC* 上升到 800 μs/cm 以上,其中河水 Na^+、Mg^{2+} 和 Cl^-、$SO_4{}^{2-}$ 含量明显增加,水化学类型由出山口的 $HCO_3-SO_4-Ca-Mg$ 型变为正义峡的 $SO_4-HCO_3-Ca-Mg$ 型。

在汛期高流量情况下(8 月,如图 7-8 所示),由于河川径流主要来自低 *TDS* 降水的补给,河流 *TDS* 大幅降低,水中主要离子为 Ca^{2+} 和 $HCO_3{}^-$、$SO_4{}^{2-}$,水化学类型沿河变化不太明显。

中游出境控制站正义峡水文站河水电导率 *EC* 的年内变化也可反映出不同时期河水组成的不同,见图 7-10。从图中可以看出,正义峡水文站 *EC* 的变化基本与来水量的变化相反,汛期 7 ~ 10 月,河水中由上游山区低 *TDS* 降水形成的地表径流占较大比重,河水 *EC*

表7-1 黑河中游地表水水化学(2003年)

地点	取样月份	流量(m^3/s)	水温(℃)	pH值	电导率(μs/cm)	水化学离子含量(mg/L)							TDS(mg/L)	水化学类型
						Ca^{2+}	Mg^{2+}	Cl^-	SO_4^{2-}	CO_3^{2-}	HCO_3^-	$Na^+ + K^+$		
莺落峡	03	15.1	0.2	8.5	515	66.4	22.9	11.4	73.8	21.3	168.0	2.9	366.7	$HCO_3-SO_4-Ca-Mg$
	05	36.5	9.6	8.6	504	57.7	22.3	11.3	100.0	15.3	155.0	17.0	378.6	$HCO_3-SO_4-Ca-Mg$
	07	21.1	14	8.3	413	47.3	20.7	7.4	71.3	16.8	122.0	4.4	289.8	$HCO_3-SO_4-Ca-Mg$
	08	153	12	8.4	380	52.3	16.1	3.9	66.8	20.4	119.0	4.6	283.1	$HCO_3-SO_4-Ca-Mg$
	10	53.1	8	8.2	563	78.2	19.8	8.9	129.0	0.0	192.0	12.7	440.6	$HCO_3-SO_4-Ca-Mg$
	12	25.4	0	8.4	602	70.9	30.0	11.5	113.0	12.8	193.0	6.0	437.2	$HCO_3-SO_4-Ca-Mg$
高崖	03	25.8	2.2	7.9	612	55.9	30.4	25.3	79.1	0.0	206.0	10.3	407.0	$HCO_3-SO_4-Ca-Mg$
	05	10.6	9.8	8.2	585	52.3	28.1	22.0	97.7	0.0	193.0	20.6	413.7	$HCO_3-SO_4-Ca-Mg$
	07	54.1	16	8.4	432	53.3	16.5	9.9	82.9	28.0	131.0	24.5	346.1	$HCO_3-SO_4-Ca-Mg$
	08	211	11.8	8.3	422	52.3	17.9	8.9	90.5	28.1	116.0	20.5	334.1	$HCO_3-SO_4-Ca-Mg$
	10	70.4	8.4	8.4	590	71.1	14.9	13.8	118.0	25.0	171.0	39.3	453.1	$HCO_3-SO_4-Ca-Na$
	12	17.1	4.2	8	668	54.5	36.8	29.6	99.7	0.0	209.0	13.5	443.1	$HCO_3-SO_4-Mg-Ca$
正义峡	03	42.1		8.3	807	60.4	41.5	50.0	112.0	12.7	198.0	22.6	497.2	$HCO_3-SO_4-Mg-Ca$
	05	4.25		8.7	1 970	67.4	116.0	203.0	663.0	42.2	263.0	283.8	1 638.4	$SO_4-HCO_3-Na-Mg$
	07	84.4		8.4	668	50.3	34.2	37.0	158.0	22.9	149.0	50.9	502.3	$SO_4-HCO_3-Mg-Ca$
	08	162		8.2	475	54.3	21.7	11.8	97.5	0.0	160.0	11.3	356.6	$HCO_3-SO_4-Ca-Mg$
	10	112		8.5	576	60.1	24.9	19.8	138.0	19.9	154.0	36.1	452.8	$SO_4-HCO_3-Ca-Mg$
	12	3.03		8.2	810	63.5	43.5	43.9	160.0	0.0	214.0	30.6	555.5	$HCO_3-SO_4-Mg-Ca$

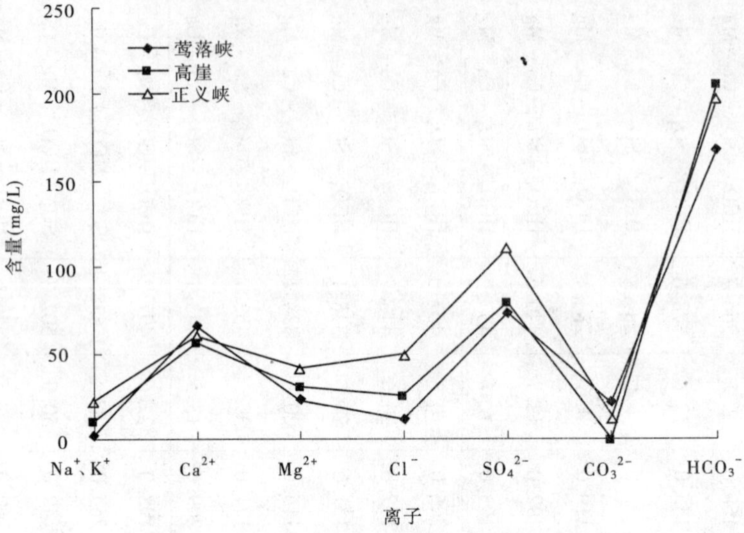

图 7-7　2003 年 3 月份地表水水化学组成图

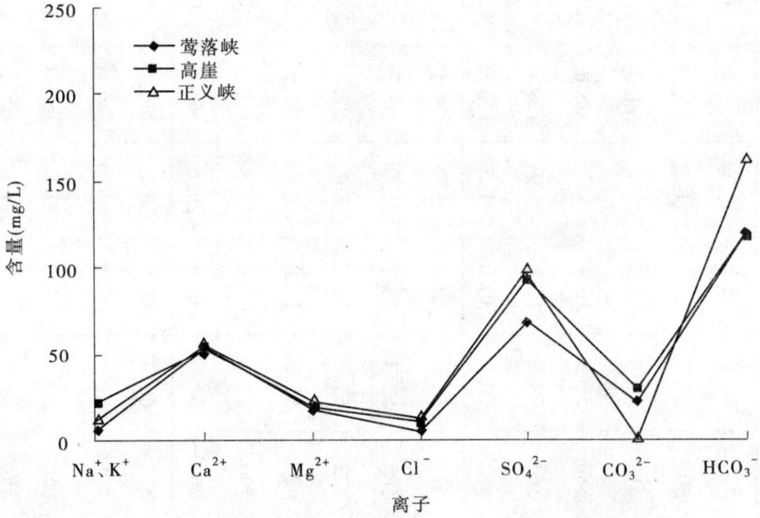

图 7-8　2003 年 8 月份地表水水化学组成图

值较低；而在非汛期，河水 *EC* 较高，特别在引水而造成的 5、6 月和 11 月河道枯水季节，*EC* 异常高，这说明在此期间河水中地下水排泄到河道的量所占比例较大。河水 *EC* 增高除地下水补给因素外，还与蒸发作用影响有关，特别是在河道流量接近断流时期，因河道流量小，流速缓慢，蒸发作用影响相对显著。

7.3.2　地下水水化学特征

7.3.2.1　浅层地下水水化学特征

根据区域水文地质条件，浅层地下水系指山前潜水和细土平原 100 m 以内的潜水 - 弱承压水。黑河中游平原区地下水主要接受出山河流渗漏补给，与地表水经过多次转化，同时受地貌、地质条件和人类活动的共同影响，地下水水化学分布特征较为复杂。但总的

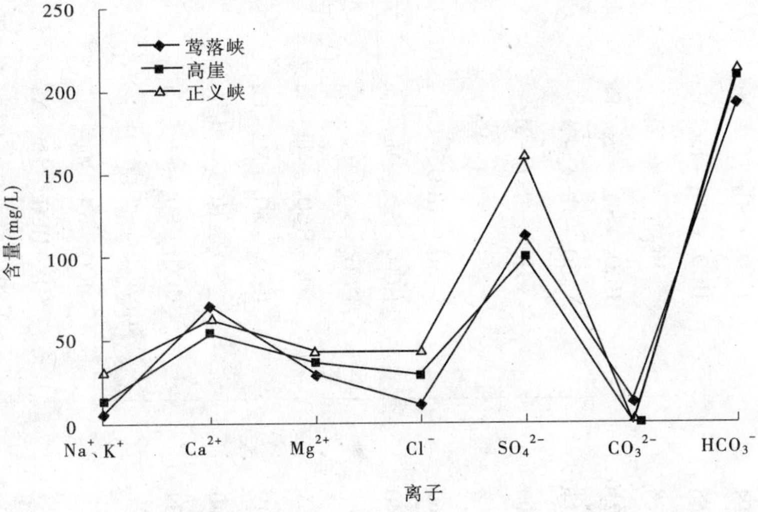

图 7-9　2003 年 12 月份地表水水化学组成

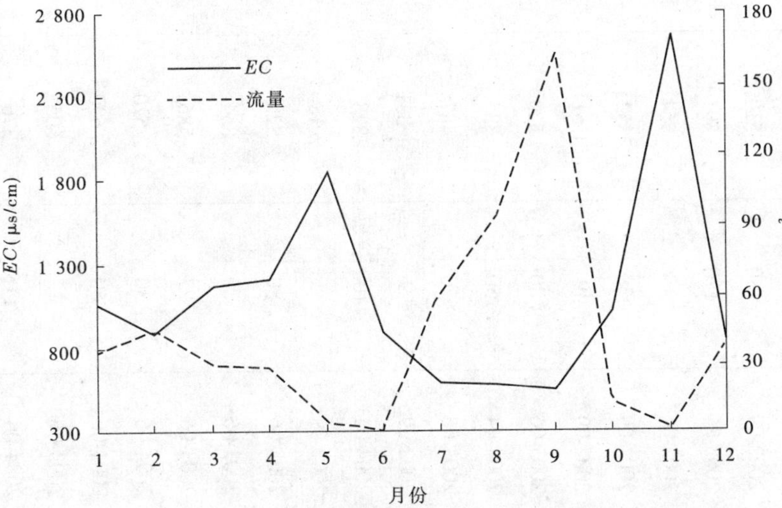

图 7-10　正义峡水文站电导率 *EC* 和流量年内变化(2003 年)

来说,地下水自补给区至排泄区还是呈较为明显的水文地球化学分带。中游部分地下水水化学分析成果见表 7-2。

在中游张掖盆地,山前冲积扇带地下水受河水入渗补给,河床透水性强,水交替速度较快,虽然地下水埋藏较深,但矿化度 *TDS* 较低,一般在 0.5 g/L 左右,电导率 *EC* 在400 ~ 900 μs/cm 之间,高于出山地表水 *EC*(350 ~ 550 μs/cm),水化学作用主要是溶滤作用,地下水水化学类型与出山地表水水化学类型基本一致,大多为 $HCO_3-SO_4-Ca-Mg$ 型。

冲洪积扇缘和细土平原灌区,由于地下水埋藏变浅,径流缓慢,蒸发作用强烈,同时受灌溉回归水对地下水补给的影响,地下水 *TDS* 增加明显,水中 Mg^{2+}、Na^+、SO_4^{2-} 和 Cl^- 含量显著增大,水化学类型变为 $HCO_3-SO_4-Mg-Ca$ 型或 $SO_4-HCO_3-Mg-Ca$ 型,但张掖盆地附近靠近河流农灌区,地下水矿化度增大不明显,*TDS* 在 0.7 g/L 左右,*EC* 大多在

表 7-2　黑河中游地下水水化学分析

序号	取样点	取样时间(年-月)	井深(m)	*EC*(μs/cm)	*TDS*(mg/L)	水化学类型
1	石岗冬高新技术开发区	2002-09	40	375	255	$HCO_3-Ca-Mg$
2	黑河干流管理总站(草滩庄)	2002-09	180	510	394	$HCO_3-SO_4-Ca-Mg$
3	水电局项目部开发区	2003-06	170	391	358	$HCO_3-SO_4-Ca-Mg$
4	张掖市乌江镇居民压水井	2003-06	10	954	838	$HCO_3-Ca-Mg$
5	沙井镇三十三号井	2002-09	30	1 525	1 230	$HCO_3-SO_4-Mg-Ca$
6	小屯乡小屯村	2002-09	9	1 611	1 240	SO_4-HCO_3-Na
7	临泽县小屯乡古寨村	2003-06	80	520	400	HCO_3-SO_4-Mg
8	古寨堡	2004-04	50	335		$HCO_3-Ca-Mg$
9	临泽县沙河镇化音村	2003-06	20	487	369	SO_4-HCO_3-Ca
10	蓼泉乡双二村七社 10 号	2002-09	9	1 331	840	$HCO_3-SO_4-Mg-Ca$
11	寥泉乡	2004-04	100	828		$HCO_3-SO_4-Ca-Mg$
12	张掖水文局院内	2002-09	8	2 180	1 850	$SO_4-HCO_3-Mg-Na$
13	临泽县花园村二社机井	2003-06	80	520	419	$HCO_3-SO_4-Mg-Ca$
14	临泽县五泉林场机井	2003-06	80	854	640	SO_4-HCO_3-Mg
15	临泽县新华镇小泉子村村民家	2003-06	27	586	439	$HCO_3-SO_4-Mg-Ca$
16	高台南湾	2004-06	30	2 520		$HCO_3-SO_4-Cl-Mg-Na$
17	高台敦家桥预制厂	2004-06	60	2 690		$HCO_3-Cl-Mg-Na$
18	黑泉乡	2003-06	12	605	462	$SO_4-HCO_3-Mg-Na$
19	许三湾村	2004-06	115	376		HCO_3-SO_4-Mg
20	黑城乡河西村	2004-06	7	3 050		$HCO_3-Cl-Mg$
21	肃南县明海乡上井村海子湖	2003-06		7 090	6 420	$Cl-Na$

600 ~ 1 000 μs/cm 之间，但水中 SO_4^{2-} 和 Cl^- 含量明显增加，此段地下水 *TDS* 低是由于河水灌溉入渗对地下水 *TDS* 起到一定稀释作用的结果。

在临泽至高台之间细土平原区，地下水埋深浅，蒸发作用强烈，农业灌溉对地下水 *TDS* 影响明显，地下水 *EC* 一般在 1 200 ~ 2 500 μs/cm 之间，*TDS* 为 0.8 ~ 1.5 g/L，地下水化学类型主要为 $HCO_3 - SO_4 - Mg - Ca$ 型或 $SO_4 - HCO_3 - Mg - Na$ 型。

在张掖盆地和酒泉东盆地之间的地下隆起带两侧，地下水 *TDS* 和水化学类型存在较明显的差异，*EC* 由 1000 μs/cm 迅速上升到 2 000 μs/cm 以上，缺乏过渡带，由此推测两盆地之间地下水水力联系较弱。

在酒泉东盆地，气候干旱，大部分地区为戈壁沙漠，蒸发强烈，地下水化学特征与张掖盆地不同，在泉水溢出带地形低洼处，地下水径流缓慢，大量泉水溢出，由于蒸发作用强烈，在盐池—莲花—明海一带形成极高矿化度的盐沼，见图 7-11，矿化度 *TDS* 非常高，泉水溢出形成的地表水中 *EC* 可高达 65 000 μs/cm 左右，水化学类型为 Cl - Na 型，该区域蒸发成为地下水的一个主要排泄途径。

图 7-11　酒泉东盆地明海一带地下水出露及在地表形成的盐碱地

虽然该区域靠近地表的浅层地下水 *TDS* 较高，但随着深度的增加，其矿化度迅速降低，如在明海乡一井深为 10 m 的地下水，其电导率仅为 1 220 μs/cm，水化学类型大多为 $SO_4 - HCO_3 - Mg$ 型，明海乡明海寺井深为 22 m 的地下水，其电导率只有 385 μs/cm，水化学类型为 $HCO_3 - SO_4 - Ca - Mg$ 型，如此低的 *TDS*，可推测出该区域地下水主要来自西南部祁连山冰雪融水补给的地下水的侧渗补给，同时还存在深层地下水的越流补给。

在酒泉东盆地黑河河流附近，地下水埋深较浅，蒸发强烈，同时受引水灌溉的影响，地下水 *EC* 一般较高，多在 1 600 ~ 3 000 μs/cm 之间，水化学类型为 $SO_4 - HCO_3 - Mg - Na$ 型和 $SO_4 - Cl - Mg$ 型等。

7.3.2.2　深层承压水水化学特征

深层承压水（主要指埋藏深度 > 100 m 的承压水）主要分布在细土平原区。由于埋藏深，深层承压水基本不受蒸发影响，水循环径流缓慢，水化学作用主要受水岩相互作用的影响，深层承压水的 *TDS* 一般较小，如张掖盆地古寨堡和廖泉的两眼 100 m 深井 *EC* 均约为 350 μs/cm，*TDS* 仅为 0.3 g/L，远低于上部浅层地下水，水化学类型均为 HCO_3 – Ca – Mg 型。

酒泉东盆地与张掖盆地深层地下水水化学特征相似，深层地下水 *TDS* 一般不高，在 0.3 ~ 0.5 g/L，*EC* 大多在 350 ~ 500 μs/cm，水化学类型主要为 HCO_3 – SO_4 – Ca – Mg 型以及 HCO_3 – SO_4 – Mg 型。

在中游盆地多层含水层系统中，深、浅层地下水水化学特征存在明显的差异，水化学组成呈现出明显的垂向分布特征，随深度的增加，地下水 *TDS* 逐渐减少，说明蒸发作用和灌溉因素对浅层地下水水化学的影响较为明显，而对深层地下水水化学成分影响不大。

以张掖盆地细土平原区为例，在盆地深层地下水，*EC* 一般小于 500 μs/cm，离子主要以 HCO_3^- 和 Ca^{2+} 为主，水化学类型为 HCO_3 – SO_4 – Ca – Mg 型；而对于埋深介于 50 ~ 100 m 中深层地下水，离子 SO_4^{2-} 和 Mg^{2+} 含量增加，*EC* 一般在 1 000 μs/cm 左右。在埋深小于 50 m 的浅层地下水，由于蒸发浓缩作用和灌溉回归水的影响，SO_4^{2-} 和 Mg^{2+} 浓度显著增大，HCO_3^- 和 Ca^{2+} 浓度相对减少，*EC* 一般在 1 500 μs/cm 以上，水化学类型变为 SO_4 – HCO_3 – Ca – Mg 型。

7.3.2.3 水化学演变规律

通过上述分析，可以看出地表水与地下水沿流动路径，水化学演化特征发生了明显而有规律的变化。

河流出山进入中游盆地后，受蒸发和地下水沿途补给的影响，河水矿化度沿河基本呈逐渐增加的趋势。在山前冲洪积扇带（张掖黑河大桥以上），河流矿化度变化不大，自大桥以下矿化度明显增大，反映河水来源组成的变化。

在山前冲洪积扇，地下水接受河流渗漏补给，地下水 TDS 较低，水化学作用主要以溶滤作用为主，地下水中以 HCO_3^- 和 Ca^{2+} 占优势，水化学类型为 HCO_3 – SO_4 – Ca – Mg 型。

由山前冲积扇到扇缘溢出带，地下水基本以水平径流为主，沿流动途径地下水位逐渐变浅，地下水中矿化度逐渐增大，阳离子由 Ca^{2+} 向 Mg^{2+}、Na^+ 方向演化，阴离子由 HCO_3^- 向 SO_4^{2-} 和 Cl^- 演化。

溢出带以下的细土平原带，地下水径流变缓，水位埋深较浅，甚至接近地表，受强烈蒸发作用的影响，同时受灌溉水入渗的影响，矿化度明显变大，水化学类型过渡为 SO_4 – HCO_3 – Ca – Mg 型和 SO_4 – HCO_3 – Mg – Ca 型。

在中游盆地，深层地下水不受蒸发等因素影响，沿径流途径 *TDS* 变化不大。

7.4 环境同位素分析

7.4.1 稳定同位素

7.4.1.1 降水稳定同位素组成

中游降水同位素数据依据 IAEA 降水监测站张掖站降水同位素系列数据（1986 年 7 月 ~ 1996 年 12 月），具体数据见表 7-3，根据这些数据绘制了张掖地区降水稳定同位素组成 δD—$\delta^{18}O$ 关系图（见图 7-12），并通过回归分析得到中游盆地大气降水线方程为：

表 7-3　IAEA 降水监测站张掖站降水同位素系列数据

日期（年-月-日）	^{18}O（‰, VSMOW）	^{2}H（‰, VSMOW）	^{3}H（TU）
1986-07-15	-5.7	-45.8	113.5
1986-08-15	-4.7	-26.3	116.4
1986-09-15	-1.3	-15.9	102.1
1986-10-15	-12.1	-97	71.6
1987-04-15	-14.5	-90.5	55.1
1987-05-15	-8.0	-55.6	65
1987-06-15	-5.2	-23.9	72.6
1987-07-15	-3.0	-16.1	82.6
1987-08-15	-4.2	-36.3	104.4
1987-10-15	-11.3	-74.9	53.6
1987-12-15	-14.5	-91.1	53
1988-01-15	-17.7	-122.3	52.2
1988-02-15	-19.5	-133.2	109
1988-03-15	-14.3	-96	76.4
1988-04-15	-7.8	-47.1	68.4
1988-05-15	-8.1	-47.7	45.6
1988-06-15	-4.1	-25.8	66.1
1988-07-15	0.1	-4.3	64.5
1988-08-15	-6.5	-37.8	85.1
1988-10-15			77.9
1988-11-15	-9.6	-67.6	85
1988-12-15	-19.9	-138.4	60
1989-01-15	-20.6	-149.8	
1989-04-15	-5.1	-48.4	41.6
1989-06-15	-3.0	-34.7	70.8
1989-07-15	-3.7	-21.3	98.6
1989-08-15	-6.9	-42.9	93.8
1989-09-15	-5.8	-39.3	76.4
1989-12-15	-23.4	-191.4	68.3
1990-01-15	-23.3	-164.8	60.8
1990-02-15	-9.5	-63.3	
1990-03-15	-7.7	-58	
1990-05-15	-6.0	-30.5	38.5
1990-06-15	-3.8	-28.3	22.9
1990-07-15	-3.0	-15.7	33.4
1990-08-15	-1.6	-5.9	41.6

续表 7-3

日期 (年-月-日)	^{18}O (‰,VSMOW)	^{2}H (‰,VSMOW)	^{3}H (TU)
1990-09-15	-4.0	-14.2	50.5
1990-10-15	-9.3	-58.8	111.7
1990-11-15	-17.6	-122.6	30.4
1991-03-15	-24.7	-174.6	55.5
1991-04-15	-6.7	-45.3	70.4
1991-05-15	-3.6	-26.9	49.6
1991-06-15	-4.2	-42.3	63.5
1991-07-15	-1.6	-14.8	49.3
1991-08-15	-9.2	-67.6	97.8
1991-10-15	-4.5	-29.7	101.3
1991-12-15			111.4
1992-01-15	-16.9	-134.9	113
1992-02-15	-22.2	-166.8	60.8
1992-03-15	-16.3	-143.2	
1992-04-15	-9.5	-66.4	
1992-05-15	-4.8	-28.8	88.9
1992-06-15	-4.6	-26.2	86.4
1992-07-15	-1.9	-5.9	61.6
1992-08-15			74.7
1992-09-15			112.1
1992-11-15			109.3
1995-11-15	-15.7	-106.2	95.8
1995-12-15	-18.5	-131.5	70.8
1996-01-15	-17	-145.9	71
1996-02-15	-13.2	-123.2	66
1996-03-15	-16.9	-129.8	52.8
1996-04-15	-18.2	-137.3	48.2
1996-06-15	-8.7	-56.9	64.8
1996-07-15	-7.4	-50.8	70.8
1996-08-15	-2.2	-9.3	45.9
1996-11-15	-16.3	-110.7	41
1996-12-15	-20.9	-146	28.2

$$\delta D = 7.48\delta^{18}O + 3.53 \tag{7-1}$$

其斜率小于 8，也小于山区降水线方程的斜率，反映张掖地区干旱区降水特征，降水受到较强烈的蒸发影响。

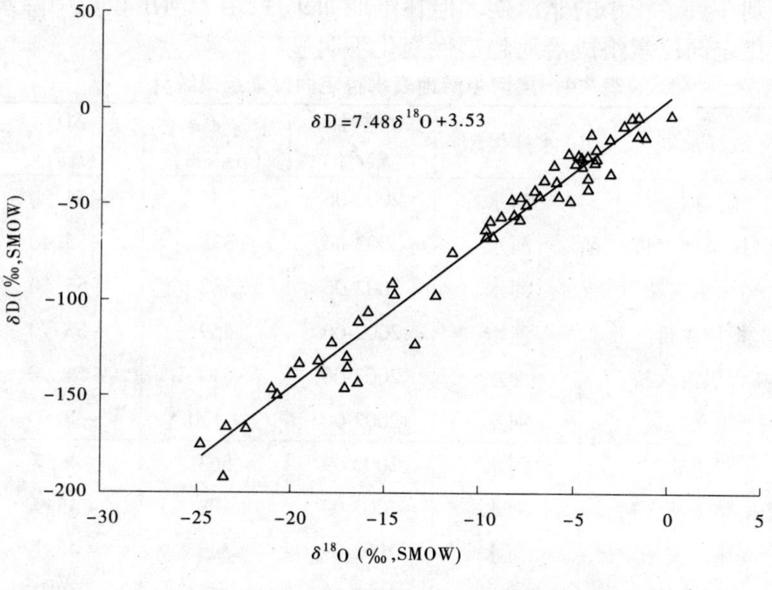

图 7-12　张掖站(IAEA)降水 $\delta D-\delta^{18}O$ 关系图

张掖站降水稳定同位素的 δD、$\delta^{18}O$ 的加权平均值分别为 -6.3‰和 -41.6‰。降水稳定同位素组成具有较明显的季节性效应，见图 7-13。从图中可以看出，6～9 月由于气温高，重同位素 δD、$\delta^{18}O$ 富集，δD、$\delta^{18}O$ 的平均值分别为 -4.78‰和 -29.6‰；而其他月份(非汛期)由于气温低，降水同位素组成显著贫重同位素，δD、$\delta^{18}O$ 的平均值分别为 -13.66‰和 -95.78‰。

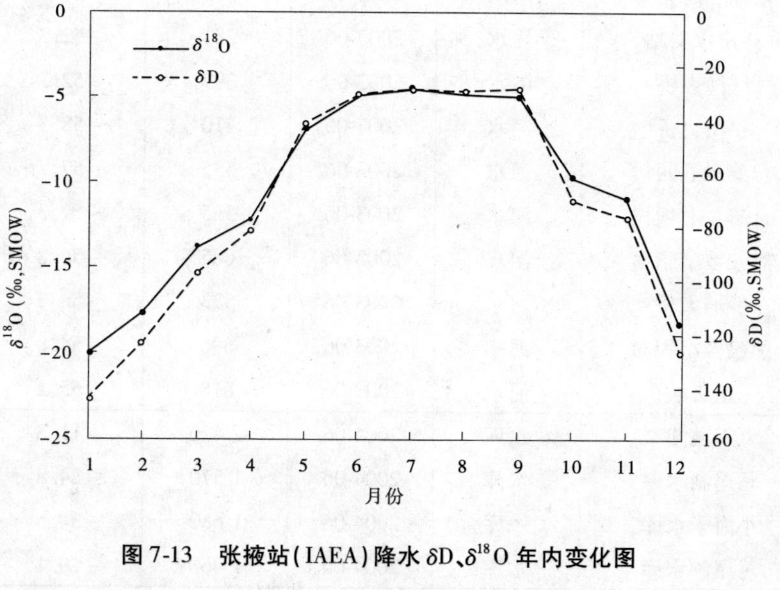

图 7-13　张掖站(IAEA)降水 δD、$\delta^{18}O$ 年内变化图

7.4.1.2　地表水同位素特征

黑河中游河水稳定同位素组成(见表7-4),总的趋势是自上而下δD、$\delta^{18}O$有逐渐富集的趋势,特别在流量较小的非汛期。但在汛期如9月,由于河川径流中降水形成径流所占比重较大,稳定同位素组成沿河趋势性变化不明显。

表7-4　黑河中游地表水稳定同位素组成统计

序号	取样地点	水样类型	取样时间(年-月)	*EC* (μs/cm)	δD (‰)	$\delta^{18}O$ (‰)
1	莺落峡	河水	2002-06	337	-54.90	-9.15
2	张掖黑河大桥	河水	2002-06	338	-55.40	-9.05
3	高崖水文站	河水	2002-06	382	-55.50	-8.95
4	板桥大桥	河水	2002-06	459	-53.70	-8.58
5	高台黑河大桥	河水	2002-06	513	-51.90	-8.67
6	正义峡	河水	2002-06	2 130	-38.90	-5.62
7	莺落峡	河水	2002-09	563	-46.7	-7.70
8	张肃路黑河大桥	河水	2002-09	498	-45.9	-7.65
9	高崖水文站	河水	2002-09	549	-48.7	-8.02
10	板桥大桥	河水	2002-09	554	-48.7	-7.90
11	平川大桥	河水	2002-09	561	-48.4	-7.80
12	高台黑河大桥	河水	2002-09	652	-47.9	-8.24
13	罗城黑河大桥	河水	2002-09	694	-46.9	-7.96
14	梨园河(支流)	河水	2002-09	472	-44.7	-7.46
15	莺落峡	河水	2003-06		-58.0	-8.90
16	张肃黑河大桥	河水	2003-06	339	-51.6	-8.35
17	高崖水文站	河水	2003-06	381	-52.3	-8.22
18	板桥(大桥)	河水	2003-06	397	-52.7	-8.50
19	平川大桥	河水	2003-06	410	-58.3	-8.69
20	合黎乡五四村	河水	2003-06	535	-57.7	-8.51
21	合黎乡七坝村	河水	2003-06	535	-57.3	-8.31
22	黑泉乡胭脂堡	河水	2003-06	685	-56.8	-8.15
23	罗城大桥	河水	2003-06	573	-56.2	-8.13
24	黑泉乡小坝村	河水	2003-06	696	-54.8	-7.59
25	正义峡	河水	2003-06	818	-55.2	-7.66
26	天城湖	水库	2004-06	2 420	-11.8	-0.33
27	马尾湖水库	水库	2004-06	1 570	-24.8	-3.12
28	小海子水库	水库	2004-06	1 680	-34.5	-4.25
29	马尾湖水库	水库	2004-06	1 460	-29.1	-3.81

黑河中游河川径流主要来自山区河流,其同位素组成与山区河流一样具有显著季节性效应,见图7-14,4月份开始,河水重同位素 δD、δ^{18}O 逐渐减小,到6月达到最低,与上游变化趋势一样,反映了冰雪融水对河水同位素组成的影响;7~9月由于气温高等环境因素影响,δD、δ^{18}O 值也较高。

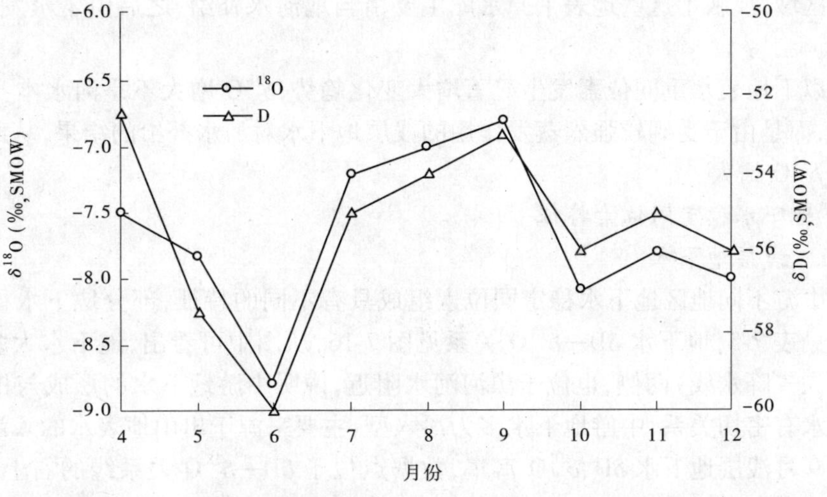

图7-14 黑河中游高崖站河水 δD、δ^{18}O 年内变化图(2003年)

黑河中游地表水 δD—δ^{18}O 关系见图7-15,从图中可以看出,大部分河水稳定同位素位于LMWL(山区降水线)的左侧附近,9月份河水稳定同位素组成要比6月河水富集,反映不同时期河水组成的差异,9月份河水 δD、δ^{18}O 偏大的原因是河水中灌溉回归水(地下水)排泄到河流的比重较大。在河水同位素变化规律中,发现莺落峡7月河水 δD、δ^{18}O 最高,而高崖站9月最高,上下游同位素组成变化的差异也说明9月份中游盆地地下水排泄

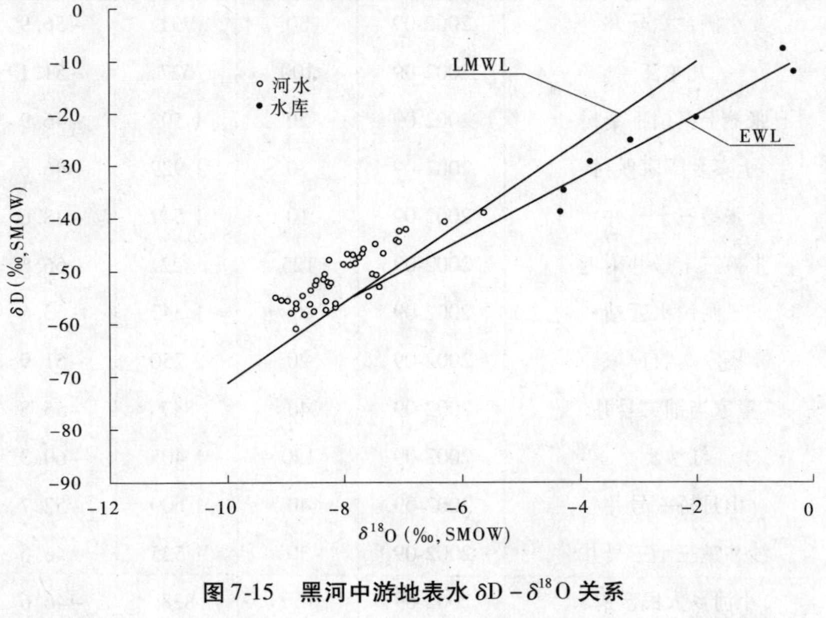

图7-15 黑河中游地表水 δD - δ^{18}O 关系

量大(灌溉回归水),因地下水重同位素要比河水富集。中游河水同位素组成季节性变化特征,反映了不同时期地表水与地下水相互转化关系的特征和转化强度的差异。

黑河中游平原水库水稳定同位素组成明显比河水富集,在 $\delta D—\delta^{18}O$ 关系图上明显向右偏,位于蒸发线上,反映出水库水受到强烈的蒸发作用影响,蒸发线与大气降水相交处,位于河流区域,反映了这些地表平原水库主要由当地河水补给,之后由于蒸发作用,重同位素富集。

高台以下地表水重同位素发生显著增大变化趋势,$\delta^{18}O$ 增大不是河水本身受蒸发作用的影响,而是由于受到较强烈蒸发作用的浅层地下水对河水补给的结果,从而引起河流重同位素 $\delta^{18}O$ 增大。

7.4.1.3 地下水稳定同位素特征

7.4.1.3.1 浅层地下水

黑河中游不同地区地下水稳定同位素组成具有不同的特征,部分地下水稳定同位素分析结果见表 7-5,地下水 $\delta D—\delta^{18}O$ 关系见图 7-16,从图中可看出,地下水大多位于 LMWL(山区大气降水线)两侧,也位于黑河河水附近,说明中游地下水的形成与山区降水形成的地表水有密切关系,中游地下水多为渗入型,主要来源于出山地表水的入渗补给。同时也发现 9 月浅层地下水 δD、$\delta^{18}O$ 富集,数据点位于 $\delta D—\delta^{18}O$ 关系线的右上方,而 6 月地下水 δD、$\delta^{18}O$ 明显偏贫,位于 $\delta D—\delta^{18}O$ 关系线的左下方,这有两方面原因,一是夏季降雨同位素 δD、$\delta^{18}O$ 富集,降雨及形成的地表径流入渗补给地下水,使地下水重同位素富集,另一个影响因素是蒸发作用,夏季 6 ~ 9 月气温高,蒸发强烈,经过夏季高强度蒸发影响,地下水 δD、$\delta^{18}O$ 增大。

表 7-5 黑河中游地下水稳定同位素分析结果

序号	取样地点	取样时间(年-月)	井深(m)	EC(μs/cm)	δD(‰)	$\delta^{18}O$(‰)
1	小满乡六号井	2002-09	80	931	-36.9	-8.00
2	九龙江	2002-09	100	627	-51.1	-8.11
3	张掖上秦镇下秦村	2002-09	20	1 503	-46.9	-7.85
4	上秦乡缪家堡村	2002-09	30	1 929	-46.6	-7.22
5	张掖三十号井	2002-09	10	1 547	-48.6	-7.76
6	张掖三十号井附近	2002-09	125	422	-56.6	-9.33
7	三闸镇水管站	2002-09	6	1 342	-53.6	-8.49
8	杨家寨农户家	2002-09	20	2 750	-51.9	-8.25
9	童家当铺二号井	2002-09	40	847	-55.8	-8.94
10	红沙窝	2002-09	120	1 405	-60.3	-9.16
11	山丹桥一号井	2002-09	40	1 600	-52.7	-8.27
12	沙井镇三十三号井	2002-09	30	1 525	-46.6	-7.50
13	小河乡人民政府	2002-09	150	838	-46.6	-7.51

续表 7-5

序号	取样地点	取样时间（年-月）	井深（m）	*EC*（μs/cm）	δD（‰）	$\delta^{18}O$（‰）
14	化音村和顺餐厅内	2002-09	17	898	-48.3	-8.07
15	西街中心小学	2002-09	16	992	-52.8	-8.41
16	小屯乡小屯村	2002-09	9	1 611	-54.6	-8.44
17	小屯乡大寨村	2002-09	7	3 001	-49.1	-7.94
18	板桥乡文化站	2002-09	20	1 238	-51.7	-8.20
19	南华镇白龙江开发区	2002-09	280	743	-60.1	-9.13
20	平川水管所	2002-09	5	1 540	-49.3	-7.93
21	蓼泉乡双二村七社	2002-09	9	1 331	-50.2	-7.93
22	三二村粮管所	2002-09	31	586	-49.5	-8.08
23	罗城花墙子村	2002-09	10	2 520	-50	-7.67
24	张掖地区 330V 变电站	2003-06	126	420	-52.9	-7.60
25	水电局项目部开发区	2003-06	170	391	-53.3	-7.97
26	明永乡中南村农场	2003-06	120	487	-53.7	-7.94
27	明永乡蔬菜脱水厂	2003-06	60	634	-52.4	-7.34
28	乌江镇居民压水井	2003-06	10	954	-51.8	-7.66
29	水利局龙渠供水厂	2003-06	260	975	-55.7	-8.48
30	张掖飞机场	2003-06	120	418	-57.6	-8.97
31	碱滩镇新沟道班	2003-06	40	577	-56.8	-8.60
32	小满镇镇政府	2003-06	115	733	-51.9	-7.58
33	小满镇王其闸小学	2003-06	60	887	-51.4	-7.50
34	二十里堡盈科干渠	2003-06	30	1 500	-44.4	-7.04
35	长安乡南关村	2003-06	50	1 390	-53.2	-7.54
36	上秦镇下秦村	2003-06	18	1 520	-53.1	-7.87
37	乌江镇谢家湾	2003-06	35	1 080	-51.9	-8.85
38	三闸镇童家当铺村	2003-06	30	912	-57.3	-8.66
39	三闸镇庚名村	2003-06	30	1 290	-54.7	-8.14
40	靖安供水厂	2003-06	160	788	-59.4	-8.94
41	沙井子镇田源酒厂	2003-06	40	1 650	-51.7	-7.46
42	花园村二社	2003-06	6	766	-53.4	-8.14
43	板桥镇红沟村	2003-06	13	1 710	-52.5	-7.78

续表 7-5

序号	取样地点	取样时间（年-月）	井深（m）	*EC*（μs/cm）	δD（‰）	$\delta^{18}O$（‰）
44	鸭暖乡张湾村	2003-06	15	993	-53	-7.61
45	板桥镇板桥村	2003-06	24	3 350	-54	-8.54
46	鸭暖乡大鸭林场	2003-06	13	1 125	-56.9	-8.57
47	板桥村	2003-06	21	3 750	-51.8	-7.42
48	临泽县番茄酱厂	2003-06	130	521	-59.7	-8.50
49	沙河镇化音村	2003-06	16	950	-51.7	-7.66
50	新华镇西街村五社	2003-06	100	724	-53.4	-8.12
51	沙河镇闸湾村	2003-06	7	1 520	-52.9	-7.67
52	五泉林场机井	2003-06	80	854	-53.8	-8.22
53	鸭暖乡野沟湾村二社	2003-06	12	1 660	-51.6	-7.55
54	双泉乡双二村	2003-06	10	897	-55.8	-7.96
55	南湾村职教中心	2003-06	20	3 640	-50.4	-7.23
56	平川镇芦湾村	2003-06	12	980	-48.9	-6.60
57	贾家咚村	2003-06	26	1 300	-52.7	-7.65
58	巷道乡小寺村	2003-06	12	1 780	-52.3	-7.31
59	黑泉乡定平村	2003-06	20	2 440	-51.1	-7.15
60	合黎乡八坝村	2003-06	14	1 630	-48.9	-6.99
61	黑泉乡九坝村	2003-06	12	1 930	-48.3	-6.86
62	黑泉乡十坝村	2003-06	11	1 190	-48.9	-7.27
63	罗城乡桥儿湾	2003-06	9	1 870	-43.2	-6.38
64	罗城乡天城村	2003-06	8	3 730	-43.9	-5.41
65	明花区区委	2003-07	150	464	-62.8	-9.34
66	明海乡小海子村	2003-07	10	1 220	-65.1	-9.14
67	古寨堡(浅井)	2004-04	50	335	-58.0	-9.1
68	寥泉乡(浅井)	2004-04	50	828	-53.0	-8.7
69	古寨堡(深井)	2004-04	100	315	-65.0	-9.75
70	寥泉乡(深井)	2004-04	100	276	-57.0	-9.24
71	民乐六坝开发区	2004-06	200	451	-60.9	-9.04
72	张掖碱滩镇三坝村	2004-06	80	851	-58.8	-8
73	沙河乡花园村	2004-06	100	530	-57	-8.49

续表 7-5

序号	取样地点	取样时间（年-月）	井深（m）	*EC*（μs/cm）	δD（‰）	$\delta^{18}O$（‰）
74	骆驼城沙嘴东口	2004-06	180	356	-66.1	-9.2
75	沙嘴墩	2004-06	140	416	-58.1	-8.7
76	高台葡萄基地	2004-06	110	497	-58.8	-9.3
77	许三湾村	2004-06	115	376	-61.6	-8.83
78	骆驼城乡西滩村	2004-06	120	326	-62.7	-9.19
79	许三湾农业开发区	2004-06	120	551	-63.1	-9.04
80	高台南湾	2004-06	30	2 520	-56.8	-7.26
81	高台敦家桥预制厂	2004-06	40	2 690	-47.5	-6.27
82	肃南农业开发区	2004-06	110	450	-61.9	-10.08
83	明海寺	2004-06	23	400	-63.6	-9.12
84	黑城乡河西村	2004-06	7	3 050	-46.2	-5.74

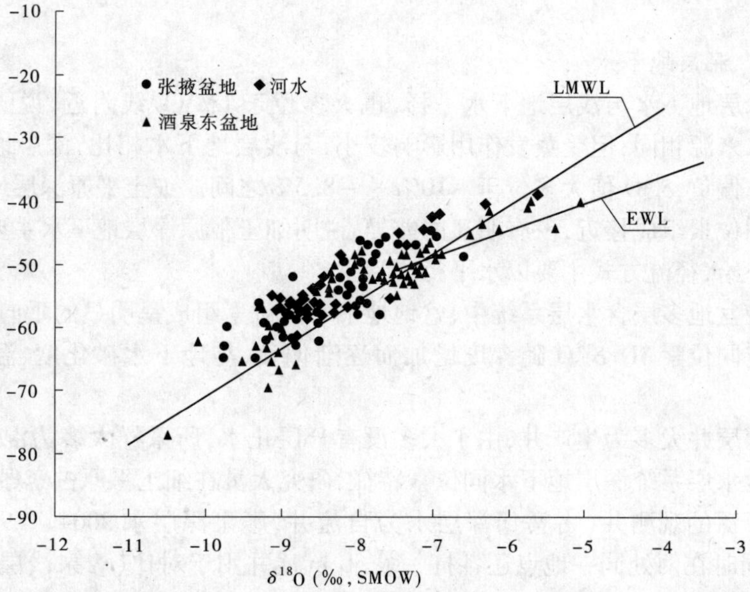

图 7-16　黑河中游地下水 δD—$\delta^{18}O$ 关系

黑河中游盆地地下水 δD、$\delta^{18}O$ 值均比当地大气降水平均值（IAEA 张掖站为代表，其 δD、$\delta^{18}O$ 分别为 -6.3‰和 -41.6‰）低，与出山口河水稳定同位素值接近，说明中游浅层地下水主要来自黑河河水补给，而不是当地降水补给。

从中游地下水稳定同位素组成总的分布特征分析，中游盆地东南部地下水 δD、$\delta^{18}O$ 比北部浅层地下水 δD、$\delta^{18}O$ 低，自山前冲洪积扇到扇缘到细土平原，沿地下水流向，浅层地下水 δD、$\delta^{18}O$ 有逐渐富集的趋势，特别是到细土平原的北部。

出山口莺落峡至张掖黑河大桥的山前冲洪积扇带，埋深较大的地下水，其同位素组成 $\delta^{18}O$ 在 -8‰~9.3‰之间，与河水同位素组成接近，说明该区域地下水与河水的关系非常密切，地下水接受河水的入渗补给，水交替、更新速度快。

在张掖细土平原灌区，由于大量引河水进行灌溉，灌溉回归水对地下水稳定同位素组成影响大，浅层地下水稳定同位素与河水同位素特征基本接近，但由于蒸发作用，地下水同位素组成稍偏富。

酒泉东盆地浅层地下水同位素组成与张掖盆地有较大差异，莲花一明海一带浅层地下水除靠近地表受蒸发作用影响强烈的地区稳定同位素 δD、$\delta^{18}O$ 富集外，大部分埋深大于 10 m 的地下水明显偏贫，$\delta^{18}O$ 值一般小于 -8‰，反映酒泉东盆地地下水补给来源与张掖盆地地下水有明显差异，地下水主要来自西南祁连山冰雪融水和山区基岩裂隙地下水的侧渗补给和深层地下水的越流补给，而缺乏地表水体（如灌溉水）的垂向入渗补给。

张掖盆地、酒泉东盆地泉水溢出带和细土平原北部等地下水浅埋带，浅层地下水由于受蒸发作用的影响，大多位于 LMWL 线的右侧蒸发线上，尤其在酒泉盆地靠近河流地下水浅埋带的地下水。张掖盆地浅层地下水所受蒸发影响没有酒泉盆地浅层地下水显著，张掖盆地靠近河流附近浅层地下水 $\delta^{18}O$ 值一般在 -8.5‰ ~ -7.5‰之间，而酒泉盆地 $\delta^{18}O$值大都在 -8‰ ~ -6.5‰之间，同位素组成的差异反映地下水来源和蒸发强度的差异。

7.4.1.3.2 深层地下水

盆地深层地下水与浅层地下水一样，也大多位于 LMWL 线附近，说明深层地下水与浅层地下水来源相同，但受蒸发作用影响较小，与浅层地下水相比，深层地下水稳定同位素组成明显偏负，$\delta^{18}O$ 值大多位于 -10‰ ~ -8.5‰之间。细土平原深层地下水与山前深部地下水同位素组成接近，没有明显的差异，说明细土平原深层地下水主要来自山前地下水的侧渗补给，径流方式主要以水平径流为主。

在张掖盆地多层含水层系统中，盆地地下水同位素组成呈明显的垂向差异分布特征，地下水稳定同位素 δD、$\delta^{18}O$ 随深度增加而逐渐偏负，与地下水矿化度、温度的变化趋势一致。

盆地深层井大多为生产井，由于大多没有分层止水，所采样大多为混合样品，为真实了解多层含水层系统深层地下水同位素特征，研究人员在细土平原古寨堡、廖泉两处打了两眼 100 m 深的观测井（古寨堡深层水为自流井，廖泉深层水 2004 年 9 月水位埋深为 1.84 m），同时在两处同一地点还各打一眼 50 m 浅井用于对比（廖泉浅层水 2004 年 9 月水位埋深为 2.74 m）。表 7-6 为张掖盆地细土平原区古寨堡、廖泉不同深度地下水稳定同位素对比表。

δD、$\delta^{18}O$ 随深度的变化也反映地下水在细土平原的补排方式存在垂向交换，深层承压水顶托越流补给上部含水层。

表 7-6　张掖盆地细土平原不同深度地下水稳定同位素对比表

地点	深度(m)	EC(μs/cm)	温度(℃)	δD(‰)	$\delta^{18}O$(‰)
古寨堡	7	3 000	15.3	-49.1	-7.94
	50	335	13.4	-58.0	-9.1
	100	315	12.8	-65	-9.75
廖泉	9	1 500	13.7	-50.2	-7.93
	50	828	12.4	-53.0	-8.7
	100	276	8.0	-57.0	-9.24

采用混合模型，利用深、浅层地下水的 δD、$\delta^{18}O$ 可计算出越流比例。

设越流比例为 X，则：

$$\delta^{18}O_{深} \times X + \delta^{18}O_{浅} \times (1 - X) = \delta^{18}O_{中} \tag{7-2}$$

$$X = (\delta^{18}O_{中} - \delta^{18}O_{浅})/(\delta^{18}O_{深} - \delta^{18}O_{浅}) \tag{7-3}$$

式中：$\delta^{18}O_{深}$ 为深层承压水 $\delta^{18}O$ 值；$\delta^{18}O_{浅}$ 为浅层地下水 $\delta^{18}O$ 值；$\delta^{18}O_{中}$ 为中层地下水$\delta^{18}O$ 值。

利用上式计算出古寨堡、廖泉两地 100 m 深层承压水对中深层地下水的越流比例分别为 64% 和 59%，结果表明深层地下水对上部中深层地下水的越流补给比例较大。

在酒泉东盆地中部细土平原区（明花区）大部分地下水埋深大于 10 m，浅层地下水与深层地下水 δD、$\delta^{18}O$ 相差不大，深层地下水 δD、$\delta^{18}O$ 值范围分别为 -69.4‰ ~ -55.3‰、-8.83‰ ~ 10.1‰，浅层地下水为 δD、$\delta^{18}O$ 值范围分别为 -65.2‰ ~ -61.9‰、-9.2‰ ~ 10.08‰，说明浅层地下水和深层地下水受蒸发影响不大，具有相同的补给来源，均来自山前冰雪融水入渗形成地下水的侧渗补给，同时也说明浅层地下水可能接受深层地下水的越流补给。

7.4.2　放射性同位素^{3}H 的分布特征

7.4.2.1　地表水^{3}H 含量特征

黑河中游地表水^{3}H 值较高，这与区域降水具有较高的^{3}H 值有关，根据 IAEA GNIP 张掖站^{3}H 系列资料（1986 ~ 1996 年）分析（见表 7-3 和图 7-17），张掖地区降水^{3}H 近年来一直较高，平均为 71 TU。1986 ~ 1992 年，^{3}H 衰减变化趋势并不很明显。但自 1992 年以来，降水中^{3}H 有较明显的衰减变化趋势，从 1992 年年初的 112 TU 衰减到年末的 40 TU 左右，1996 年张掖地区降水^{3}H 值平均为 54 TU。

黑河中游地表水^{3}H 范围一般在 22 ~ 50 TU 之间，在汛期气温高，河水流量大，降水形成径流占河川径流比重大时，^{3}H 值明显偏高，而在非汛期，河水主要由地下水补给，流量小，^{3}H 值明显偏低（见表 7-7）。

河水^{3}H 值沿河流自上而下呈减小的变化趋势，如 2002 年 9 月，出山口河水^{3}H 为 39 TU，到正义峡减少到 26 TU，因为河川径流速度较快，自身放射性衰变影响较小，不足以改变^{3}H 的大小，因此这种变化趋势指示沿河大量低^{3}H 的地下水排泄补给河流。

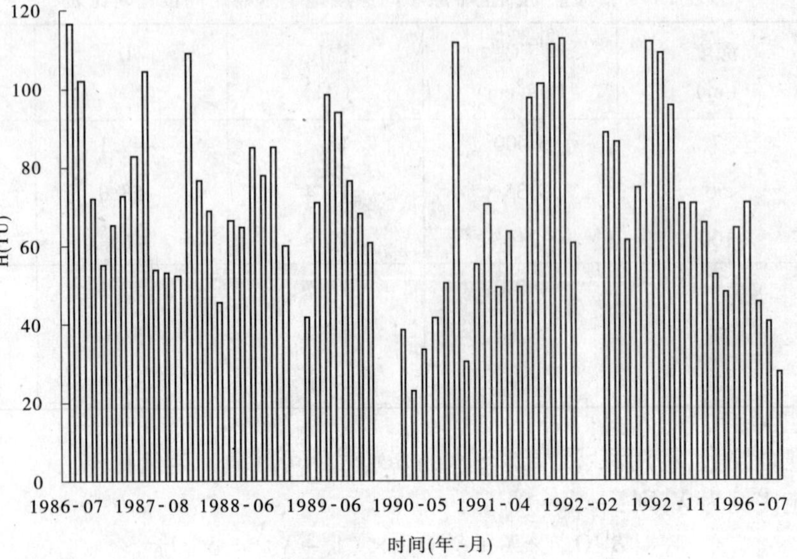

图 7-17　中游张掖降水^{3}H 值变化(1986～1996 年)

此外,中游盆地平原水库水由于主要是引河水进行蓄补,其^{3}H 值与河流一样具有高^{3}H 值。

表 7-7　黑河中游地表水^{3}H 统计

序号	取样地点	日期(年-月-日)	流量(m^3/s)	^{3}H(TU)
1	莺落峡	2002-09-24	54.3	39.21
2	高崖水文站(断面)	2002-09-24	41.1	30.08
3	平川大桥	2002-09-24		25.43
4	高台黑河大桥	2002-09-24		25.13
5	罗城黑河大桥	2002-09-24		28.34
6	正义峡	2002-09-24	61.9	26.06
7	梨园大桥(梨园河)	2002-09-24		31.14
8	莺落峡	2003-06-26	211	50.14
9	罗城大桥	2003-06-26	43.2(正义峡)	34.51
10	平川大桥	2003-06-30	18.6(高崖)	22.74
11	天城水库	2003-06-26		23.18

7.4.2.2　地下水^{3}H 分布特征

7.4.2.2.1　张掖盆地

表 7-8 为黑河中游部分地下水^{3}H 值统计表。张掖盆地南部山前冲洪积扇带地下水深埋带地下水的^{3}H 值较高,大多在 20 TU 左右,表明该区域地下水积极参与现代水循环,地下水与地表水存在强烈的水力联系,其原因是山前冲洪积扇带河床及附近以下含水层主要为卵砾石,渗透性强,地表水与地下水交替速度快,因此山前埋藏较深的地下水也含有较高的^{3}H 浓度。

表 7-8　黑河中游地下水^{3}H 统计

序号	盆地	日期（年-月）	取样地点	深度（m）	EC（μs/cm）	^{3}H（TU）
1	张掖盆地	2002-09	石岗冬高新技术开发区	40	375	29.6
2		2002-09	莺落峡水文站		573	30.67
3		2003-06	张掖飞机场	120	418	11.36
4		2003-06	张掖市小满镇镇政府	115	733	17.12
5		2002-09	九龙江	100	627	25.96
6		2003-06	张掖市新墩镇城儿闸村	110	785	25.62
7		2003-06	张掖市长安乡南关村	50	1 390	21.17
8		2003-06	张掖市上秦镇下秦村	18	1 520	25.30
9		2003-06	张掖市碱滩镇太平堡村	19	2 040	27.62
10		2003-06	张掖局院内井	8	2 100	21.68
11		2002-09	张掖三十号井附近水塔	125	422	25.72
12		2002-09	三闸镇委员会（水管站）	6	1 342	21.3
13		2003-06	张掖市乌江镇谢家湾	35	1 080	25.70
14		2002-09	杨家寨农户家	20	2 750	28.90
15		2003-06	明永乡中南村农场	120	487	23.35
16		2002-09	童家当铺二号井	40	847	26.31
17		2002-09	下崖子三十号井	30	414	27.90
18		2002-09	红沙窝（浅井）	120	1 405	9.63
19		2003-06	明永乡蔬菜脱水厂	60	634	17.25
20		2003-06	张掖市三闸镇庚名村	30	1 290	17.78
21		2003-06	乌江镇居民压水井	10	954	14.28
22		2002-09	沙井镇三十三号井	30	1 525	28.76
23		2003-06	甘州区靖安供水厂	160	788	12.20
24		2002-09	小河乡政府	30	1 253	28.57
25		2002-09	高崖水文站院内	14	1 279	17.17
26		2003-06	花园村二社机井	80	520	23.35
27		2003-06	花园村二社	6	766	26.58
28		2003-06	板桥镇红沟村	13	1 710	20.39
29		2003-06	新华镇小泉子村村民家	27	586	15.42
30		2003-06	临泽县鸭暖乡张湾村	15	993	19.52
31		2003-06	临泽县五泉林场工地	11	1 450	25.27
32		2003-06	板桥镇板桥村居民家	24	3 350	4.88
33		2003-06	鸭暖乡大鸭林场	13	1 125	9.85
34		2002-09	平川水管所	5	1 540	26.3
35		2003-06	古寨堡深井	100	315	0.80
36		2003-06	古寨堡浅井	50	331	28.96
37		2003-06	寥泉深井	100	276	3.29
38		2003-06	寥泉浅井	50	857	12.81
39		2003-06	临泽县蓼泉镇预制厂		1 220	12.89

续表 7-8

序号	盆地	日期(年-月)	取样地点	深度(m)	EC (μs/cm)	^{3}H (TU)
40	酒泉东盆地	2003-06	南华镇南寨子村	11	612	7.21
41		2002-09	南华镇白龙江开发区	280	743	2.0
42		2003-06	双泉乡双二村	10	897	28.49
43		2003-06	南湾村职教中心	35	2 860	14.29
44		2003-07	明花区区委	150	464	1.39
45		2003-06	平川镇芦湾村	12	980	29.26
46		2003-06	贾家咚村	26	1 300	23.84
47		2003-06	巷道乡小寺村	12	1 780	22.89
48		2003-06	合黎乡六三村	8	2 050	20.39
49		2002-09	宣化镇	20	1 805	18.77
50		2003-06	黑泉乡定平村	20	2 440	21.09
51		2003-06	合黎乡八坝村	14	1 630	29.60
52		2003-07	上井村明海寺	22	385	15.51
53		2003-06	黑泉乡十坝村	11	1 190	25.21
54		2003-07	明海乡小海子村	10	1 220	9.06
55		2003-06	罗城乡张家墩村	11	1 840	10.93
56		2003-06	罗城乡花强子村八队	9	2 290	22.98
57		2003-06	罗城乡罗城村	16	2 710	21.43
58		2003-06	罗城乡天城村	8	3 730	17.98

在张掖盆地细土平原灌区浅层地下水^{3}H 值大多在 15 ~ 25 TU,靠近河边地下水可达 25 ~ 30 TU,在细土平原区,地下水中^{3}H 沿地下水流向没有明显的趋势性变化,说明该区域地下水系统为开启式水流系统,垂向水交替显著,地下水除接受地下水侧向径流补给外,还主要接受地表河水灌溉和降水的垂向渗入补给。

同时发现在盆地细土平原区部分深层地下水也具有较高的^{3}H,这可能是取样井大都为生产井,由于没有分层止水,混合开采使上部浅层水与深层水发生了混合,因此这类井所取同位素样品并不能真实代表深层地下水同位素组成。

为了解深层地下水同位素特征,在古寨堡、廖泉两处打了两眼 100 m 深层,根据从这两眼井取样结果,细土平原区深层承压水其^{3}H 值较小,如古寨堡(自流)^{3}H 仅为 0.8 TU,廖泉 100 m 井深^{3}H 也只有 3.29 TU,低于或接近检测限,说明深层地下水为形成年代较早的"老水",水交替缓慢,基本不参与现代水循环。

深层地下水^{3}H 自南向北,沿地下水流向呈衰减变化趋势,反映深层地下水自南向北基本呈活塞式水流运动。

7.4.2.2.2 酒泉东盆地

酒泉东盆地浅层地下水^{3}H 值大多低于张掖盆地地下水^{3}H 值,明海地下水溢出带附近浅层地下水^{3}H 值在 8 ~ 15 TU 之间。但河流附近灌区地下水^{3}H 较高,一般在 15 ~ 25 TU 之间,这是由于受地表水灌溉的影响。

酒泉东盆地深层地下水^3H较低，如明花区一150 m深层地下水(表7-8中44号)中^3H值仅为1.39 TU，南华镇白龙江开发区一280 m深井^3H值仅为2 TU，均低于检测限，说明酒泉地下水深层地下水为形成年代早的“老水”。

酒泉盆地远离河流的地下水^3H普遍不高，反映地下水补给来源主要来自地下水侧渗和越流补给。

7.5　中游地下水年龄

地下水的循环速度大小反映地下水的补给、循环更新能力强弱，其重要依据是地下水的驻留时间，也就是地下水的年龄。

传统的测龄方法主要根据放射性同位素的衰变特性来测龄，主要示踪剂有^3H(主要用于补给年龄小于50年的年轻地下水测龄)和^{14}C(主要用于补给年龄大于1 000年的“老水”测龄)。

在年轻地下水测龄方面，近年来，由于大气中^3H呈衰减趋势，^3H输入函数难以确定，因此用^3H法已难以确定近50年来地下水的准确年龄，但利用CFC(氟利昂)有机示踪剂测定地下水年龄可弥补^3H测龄法的不足，CFC测龄原理和测定方法见第4章，在此不再重复。

深层地下水——“老水”年龄一般还是采用^{14}C方法进行测龄。

7.5.1　张掖盆地

中游张掖盆地山前冲洪积扇带较深地下水CFC浓度较高，地下水较年轻，地下水CFC表观年龄在16～25年间，与地下水^3H值高相符合。如按照二元混合模型计算，表7-9中2号样品新水年龄为10年，年轻水的比例可达60%。

在泉水溢出带和细土平原灌区浅层地下水CFC含量也较高，显示有较多的现代水补给，地下水表观年龄大多在15～30年。南部张掖—临泽一带黑河河道两侧，地下水CFC的表观年龄大多小于20年，个别地下水CFC-12的表观年龄只有几年。

张掖盆地北部细土平原浅层地下水年龄比南部稍大，CFC表观年龄大多大于20年，在22～36年之间，如考虑新老水混合作用，则地下水老水的比例增大，表明沿地下水流向，地下水年龄变大。

但靠近高台一侧河边地下水较年轻，CFC表观年龄也小于20年，说明与河水有密切的水量交换。

张掖盆地细土平原深层承压水CFC含量大都较低，如古寨堡100 m井深(见表7-9中50号)地下水CFC含量(CFC-12=0.07，CFC-11=0.15，CFC-113=0.01)较低，而且CFC-113含量低于检测限，表明深层地下水基本没有30年以来的新水补给。廖泉靠近河边一深井(见表7-9中52号水样)CFC-11和CFC-113未检测出，说明地下水补给年龄大于50年，基本无现代水的补给。比较在古寨堡、廖泉两处50 m井深采集的样品，3个CFC含量较高，CFC表观年龄为30年左右，介于上层浅层地下水与深层地下水之间，如考虑新老水混合作用，则新水的补给年龄均为23年。

根据中游地下水^{14}C数据[49]，深层承压水的年龄除张掖盆地河流附近样品较年轻外，

表 7-9 黑河中游 CFC 分析结果统计

序号	取样地点	取样日期（年-月）	深度（m）	浓度(pmole/kg)			距今(2005 年)年龄(年)		
				CFC－11	CFC－12	CFC－113	CFC－11	CFC－12	CFC－113
1	张掖三十号井	2002-09	10	2.3	1.37	0.21	26	23	19
2	大满灌区八号井	2002-09	125	1.72	0.99	0.16	27	24	18
3	莺落峡水文站	2002-09		2.71	1.65	0.19	16	5	16
4	草滩庄	2002-09	180		2.12	0.27	M	M	16
5	流泉三号井	2002-09	40	1.53	0.17	0.01	31	43	>34
6	童家当铺二号井	2002-09	40	1.79	0.17	0.01	30	44	>34
7	瓦窑农户院内	2002-09	12	3.6	2.14	0.26	18	11	17
8	高崖水文站	2002-09	14	2.04	1.52	0.18	24	15	17
9	合黎乡面粉厂	2002-09	10	0.92	1.54	0.08	35	20	26
10	罗城候压乡	2002-09	10	0.42	0.85	0.03	39	30	31
11	张掖上秦镇	2002-09	20	3.15	1.57	0.02	20	19	
12	石岗农业示范	2002-09	40	0.87	0.67	0.08	35	32	25
13	盈科十二号井	2002-09	120	0.53	0.72	0.03	38	32	31
14	杨家寨	2002-09	20	4.69	2.27	0.15	M	M	21
15	红沙窝	2002-09	120	0.26	0.11	0.01	41	46	32
16	红沙窝	2002-09	220	0.12	0.03	0.01	46	55	>34
17	沙井镇	2002-09	30	4.72	2.59	0.34	M	M	12
18	小河乡	2002-09	30	5.2	2.33	0.29	M	M	14
19	化音村	2002-09	17	3.47	2.12	0.35	17	6	13
20	板桥乡	2003-10	10	3.31	2.1	0.4	17	3	M
21	园林中学浅井	2003-10	10	3.94	2.43	0.41	13	M	M
22	平川镇压水井	2003-10	8	2.07	1.62	0.22	26	16	17
23	平川镇三二村	2003-10	35	3.11	1.84	0.29	17	12	14
24	六坝桥	2003-10	22	0.3	0.4	0.01	40	35	>34
25	朱家堡	2003-10	16	0.27	0.29	0.01	41	39	>34
26	黑泉乡新开村	2003-10	15	0.16	0.18	0.01	43	42	>34

续表 7-9

序号	取样地点	取样日期（年-月）	深度（m）	浓度（pmole/kg）			距今（2005 年）年龄（年）		
				CFC－11	CFC－12	CFC－113	CFC－11	CFC－12	CFC－113
27	黑泉乡安定村	2003-10	13	0.6	0.76	0.04	36	30	28
28	正远乡段家桥	2003-10	32	0.67	0.35	0.06	35	37	26
29	巷道乡槐树村	2003-10	12	2.89	1.67	0.24	19	15	15
30	高台县朱家庄	2003-10	10	0.45	1.05	0.03	37	24	>34
31	巷道乡渠口村	2003-10	8	2.86	2.14	0.24	21	6	16
32	廖泉村九社	2003-10	10	1.17	0.64	0.11	31	31	22
33	大湾六庄	2003-10	60	3.06	1.31	0.32	20	22	14
34	梁家洛农场北	2003-10	5	2.02	1.38	0.13	27	22	21
35	乌江砖厂	2003-10	10	3.34	1.97	0.28	19	14	16
36	黑河桥北机井	2003-10	12	4.98	2.46	0.4	M	M	10
37	骆驼城乡	2004-06	90	0.33	0.21	0.03	41	42	>34
38	许三湾村	2004-06	100	0.09	0.06	0.02	48	51	>34
39	明海寺	2004-06	6	0.02	0	0.01	52	59	>34
40	小海子村委会	2004-06	7	1.06	0.62	0.09	32	31	23
41	黑泉乡常丰村	2004-06	10	0.94	0.53	0.09	35	35	26
42	黑泉乡河西村	2004-06	110	0.25	0.4	0.02	42	36	>34
43	高台县城附近	2004-06	140	0.02	0.11	0.01	53	46	>34
44	高台葡萄基地	2004-06	180	0.14	0.08	0	44	48	>34
45	沙嘴墩	2004-06	100	0.11	0.05	0.01	46	52	>34
46	骆驼城沙嘴	2004-06	80	0.1	0.05	0.01	46	51	>34
47	小河乡政府	2004-06	150	0.63	0.53	0.02	36	34	>34
48	碱滩镇三坝村	2004-06	210	1.29	0.85	0.12	32	30	23
49	古寨堡	2004-04	50	1.54	1.07	0.10	31	27	24
50	古寨堡	2004-04	100	0.15	0.07	0.01	44	50	>34
51	寥泉	2004-04	50	1.24	0.92	0.09	34	32	27
52	寥泉	2004-04	100	0	1.50	0	>50	25	>34

注：M 代表现代水。

张掖盆地承压含水层中，地下水^{14}C校正年龄为4 700年。

7.5.2 酒泉东盆地

在酒泉东盆地骆驼城、许三湾和肃南农业开发区等靠近祁连山前地带，地下水埋深较大，CFCs含量都非常低，其中CFC－113均低于检测限0.03 pmole/kg，表明地下水基本没有或非常有限的现代水补给，地下水形成年代早。

在盆地中部细土平原区明海寺、小海子村等远离山前地下水埋深较浅，但是地下水CFC浓度与该区靠近山前埋深大的地下水CFC浓度相似，含量都很低，CFC表观年龄大于40年，但含有一定量的^{3}H，说明该处地下水为1 960年左右补给的。

靠近黑河浅层地下水的CFC含量稍高，CFC表观年龄大多在30～40年，说明地下水存在与河水的混合作用，按混合模型计算，新水补给年龄在20年左右，与河流接近。

酒泉东盆地深层地下水较老，CFC含量一般低于检测限，地下水年龄为大于55年的老水，^{14}C年龄大多为2 490～5 760年[46,47]。

7.6 环境示踪剂沿河变化

由于地表水与地下水水化学、环境同位素特征存在明显的差异，两者发生的混合作用将在河流水化学、环境同位素组成的变化得到反映，因此监测河流水化学、环境同位素组成可了解地表水与地下水的转化关系。

7.6.1 地表水Cl^-沿河变化分析

在水循环研究中，Cl^-规律是一种非常有用的稳定示踪剂。Cl^-是反映水中盐度的一个重要指标，它具有高溶解度、不易吸附或沉淀的特性，与水分子一样具有较强的扩散能力。在地表水与地下水转化关系分析中，地表水Cl^-沿河浓度的变化在一般可反映地下水对地表水的补给关系和强度。

黑河中游平原区是农灌区，地下水Cl^-含量一般要远大于地表水Cl^-含量，地下水对河流的排泄补给将引起地表水Cl^-浓度的增大。因此，地表水Cl^-沿河浓度的变化一定程度上可反映出地下水与地表水的补给关系和强度。

图7-18为2002年9月黑河中游地表水Cl^-沿河变化图，可以看出，总体上河水中Cl^-沿河基本呈稳步上升的趋势，莺落峡至张掖黑河大桥(35 km处)区间河段Cl^-浓度基本不变，说明该河段没有其他补给水源加入，地表水与地下水的关系为地表水入渗补给地下水；黑河大桥以下河段Cl^-浓度逐渐增加，反映自张掖黑河大桥以下河段地表水接受地下水的补给，地表水与地下水的转化关系主要表现为地下水转化为地表水。

7.6.2 电导率*EC*沿河变化

水的电导率*EC*高低反映水中矿化度的大小，高矿化度地下水进入到地表水中将引起河水*EC*的变化，因此分析地表水*EC*的变化也可了解地表水与地下水之间的关系。

图7-19反映不同时间、不同流量条件下，黑河中游地表水*EC*值沿河变化图。测定结果反映中游黑河自上而下，特别在张掖黑河大桥(35 km处)以下河段，河水电导率*EC*基本呈逐渐增高的变化趋势，在非汛期这种变化趋势更为明显。

从图7-19中，2002年12月和2003年6月河水*EC*值可以看出，莺落峡—高崖(距莺

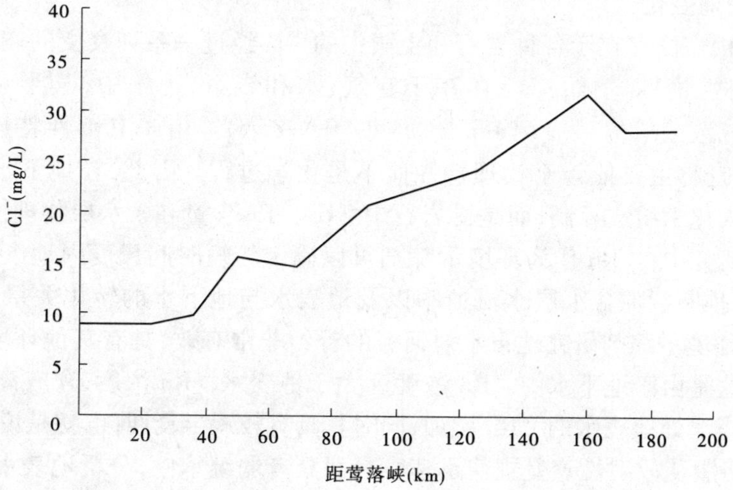

图 7-18　黑河中游沿河 Cl^- 含量变化图(2002 年 9 月)

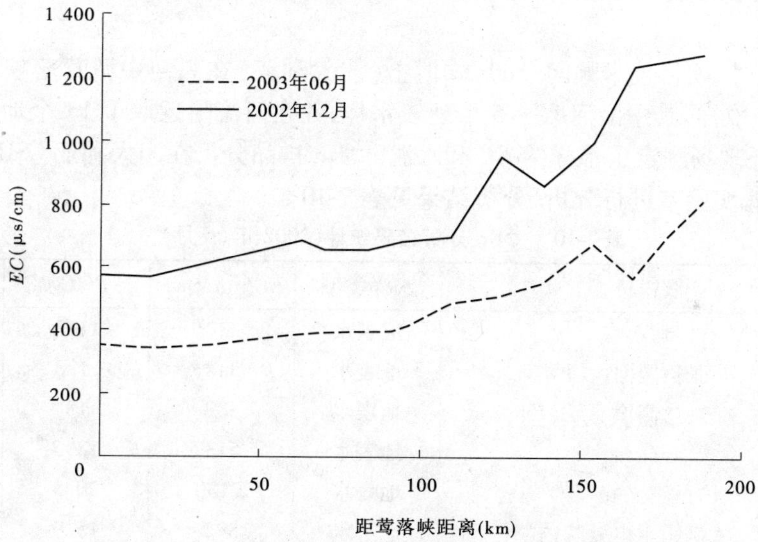

图 7-19　黑河中游沿河地表水 *EC* 变化图

落峡站约 50 km 处),*EC* 值变化较小,高崖至正义峡区间,*EC* 增加幅度变大,河水 *EC* 变化趋势反映出高矿化度地下水对河水补给。

以 *EC* 值为标志,采用二元混合模型,可估算出中游莺落峡—正义峡区间地下水不同河段补给地表水的比例,其计算公式如下:

$$X \cdot EC_{gw} + (1 - X) \cdot EC_{sw-in} = EC_{sw-out} \tag{7-4}$$

式中:X 为地下水补给河流的比例;EC_{gw} 为地下水 *EC* 值;EC_{sw-in} 为计算河段上游地表水 *EC* 值;EC_{sw-out} 为计算河段下游地表水 *EC* 值。

计算结果显示,2002 年 12 月高崖—平川河段地下水补给量占地表水量的 15% 左右,高台—正义峡河段地下水补给量占地表水的 25% 左右。

7.6.3　^{222}Rn 沿河变化

^{222}Rn 是由广泛存在于各种岩石和土壤中的 ^{238}U 经过一系列衰变的产物，是一种无色、无味的放射性惰性气体，广泛存在于空气、水和岩石、土壤中，其半衰期为 $T_{1/2}$ = 3.823 5 d（^{222}Rn 浓度单位一般用 Bq/L（贝可/升）表示）。由于其惰性特性，^{222}Rn 在岩石、土壤和水中迁移主要依赖于物理特性而不是化学过程。因此，在地下水中溶解 ^{222}Rn 浓度不受地下水化学组成控制，而是受岩石中 ^{238}U、^{226}Ra 含量和含水层物理性质控制[22]。

在地下水研究中，^{222}Rn 作为环境示踪剂可以确定较短时间尺度内地下水年龄、估算地表水入渗率、推断裂隙含水层水流速率以及地表水与地下水的转化关系等[47、48]，其中利用 ^{222}Rn 作为环境示踪剂研究地下水对河流的补给非常有效，具有其他环境示踪剂不可比拟的优势。这是由于地下水中 ^{222}Rn 浓度远大于地表水 ^{222}Rn 浓度，含有高浓度 ^{222}Rn 进入地表水将使排泄处地表水的 ^{222}Rn 增加，同时其具有较短半衰期，也就是说，地下水离开含水层，^{222}Rn 将服从放射性衰变规律迅速衰减而具有弱继承性，分析地表水 ^{222}Rn 浓度的变化，可用来查明地表水与地下水转化关系，确定地下水排泄处位置和确定补给率[22,49,50]，因此在地表水与地下水转化研究中，^{222}Rn 可作为指示地下水排泄位置的良好示踪剂。

2002 年 6 月，项目技术顾问 Andrew 博士（澳大利亚）在黑河中游莺落峡至正义峡区间进行了 ^{222}Rn 取样，其中沿河取了 5 个地表水样，并在河流附近取了 13 个地下水样。在野外取样中，还现场测定了水样的 *EC* 和水温。^{222}Rn 样品分析在澳大利亚 CSIRO Land and Water 阿德莱德实验室进行分析，分析结果见表 7-10。

表 7-10　^{222}Rn 分析结果统计（2002 年 06 月）

取样号	取样位置	水样类型	*EC*（μs/cm）	*T*（℃）	^{222}Rn（Bq/L）
1	莺落峡	地表水	337	11.3	0.010 7
2	张掖黑河大桥	地表水	348	11.3	0.007 3
3	高崖	地表水	382	18	0.216 9
4	高台	地表水	513	18.5	0.299
5	正义峡	地表水	2 130	20.5	0.379
6	大满镇水电处院内	地下水	892	15.9	11.65
7	碱滩镇新沟道班	地下水	683	12	10.87
8	碱滩镇 227 线 20 km 处	地下水	389	12.7	11.34
9	乌江镇谢家湾村	地下水	1 110	12.3	18.42
10	明永乡下崖子村	地下水	415	12.9	16.62
11	沙井子镇面粉厂	地下水	1 597	12.2	4.69
12	小河乡政府院内	地下水	1 215	11.8	9.02
13	新墩镇流泉村	地下水	650	15	5.12
14	三闸镇更名山丹桥	地下水	1 130	9	10.09
15	三闸镇杨家寨村	地下水	2 690	13.2	9.74
16	临泽以东 10 km	地下水	977	13.3	8.66
17	临泽黑河大桥以西 10km	地下水	797	23.5	9.07
18	侯家庄	地下水	3 070	12.3	4.32

从表7-10中可以看出，地下水中^{222}Rn浓度远大于地表水中的^{222}Rn浓度，在张掖及东部主要井灌区^{222}Rn浓度大，一般在10 Bq/L以上，其中张掖附近9、10号两个水样^{222}Rn浓度分别为18.42 Bq/L和16.62 Bq/L。高崖以下靠近河流细土平原灌区，由于受地表水灌溉影响，^{222}Rn浓度相对较小，在4～5 Bq/L之间。

从沿河^{222}Rn浓度变化分析（见图7-20），莺落峡至张掖黑河大桥，^{222}Rn浓度有所变低，反映此河段没有地下水补给地表水，地表水中^{222}Rn由于衰变作用而使^{222}Rn浓度降低，结合水文地质条件分析，该区间含水层岩性主要为粗颗粒的砂砾卵石，透水性极强，地表水大量入渗补给地下水。张掖黑河大桥至高崖河段，^{222}Rn浓度迅速增加，高崖至正义峡河段^{222}Rn浓度平稳增长，指示张掖黑河大桥以下河段，地下水排泄补给河水，与前述中游水化学和环境同位素的研究结果相吻合。

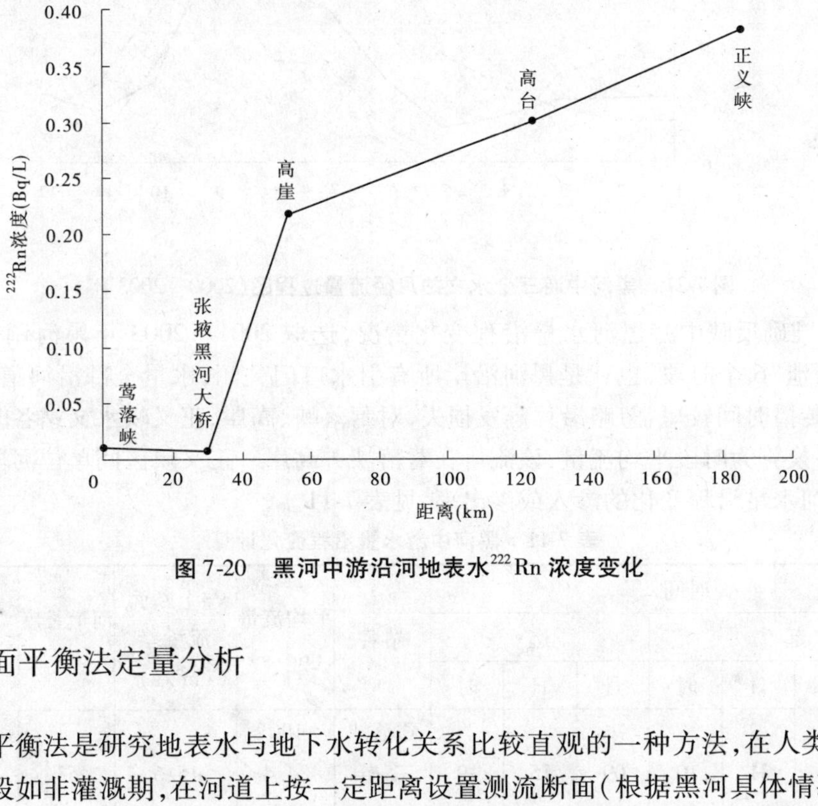

图7-20　黑河中游沿河地表水^{222}Rn浓度变化

7.7　断面平衡法定量分析

断面平衡法是研究地表水与地下水转化关系比较直观的一种方法，在人类活动影响小的时间段如非灌溉期，在河道上按一定距离设置测流断面（根据黑河具体情况，上下断面间隔5～10 km较为合适），通过测定相邻上下断面的流量，分析上下断面流量差异，可了解两断面间地表水与地下水的转化关系和转化量。当研究河段的水位高于两岸地下水位时，可用此方法求得河水的渗漏量对于地下水的补给作用。当研究河段的水位低于两岸地下水位时，可用此法求出地下水向河流的排泄量。

7.7.1　中游控制断面流量过程变化分析

从图7-21可以看出，高崖水文站和正义峡水文站径流过程与出山口莺落峡站径流过程不同，3月份以后，流域进入农业灌溉期，大量从河道引水灌溉，加上此时间段来水量小，造成莺落峡以下河道径流量大幅减少，正义峡站甚至出现断流，4～6月为年内的枯水段;6 月份以后,随着上游来水的增加,河川径流量增大。到 9 月份,由于灌溉回归水以地下水形式大量排入河道,高崖站与正义峡站径流量出现年内的高峰值。从 12 月 ~ 次年 3 月河流处于基流状态,主要为地下水对地表水的补给,补给量较为稳定,因此高崖和正义峡站径流量比较稳定且大于出山口莺落峡径流量。

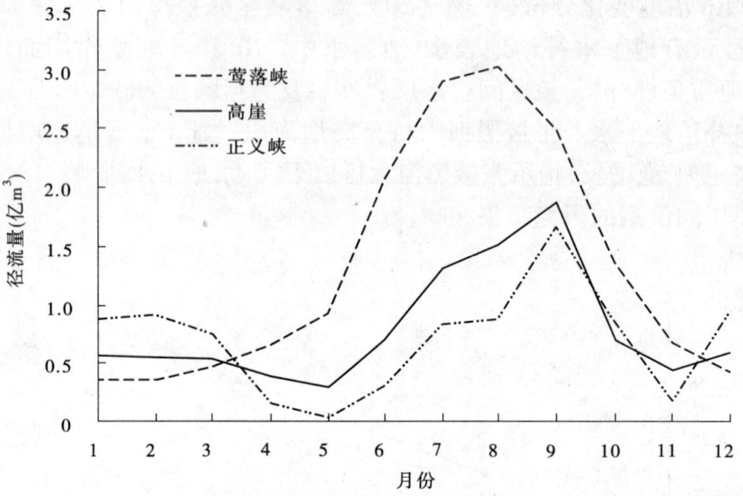

图 7-21　黑河中游三个水文站月径流量过程图(2000 ~ 2003 年)

为了准确反映中游黑河水量沿程变化情况,选取 2001 ~ 2003 年黑河调水"全线闭口,集中下泄"6 个时段,也就是黑河沿岸所有引水口门关闭,水量全部沿河道下泄时段,考虑水头传播时间较短,忽略沿程蒸发损失,对莺落峡、高崖、正义峡水文站各时段水量进行监测,并换算为时段平均流量,该流量在莺落峡—高崖—正义峡区间单位河段上的变化量即为黑河水量沿程变化的渗入或渗出率,见表 7-11。

表 7-11　黑河中游水量沿程变化计算

时间							站名	平均流量 (m^3/s)	与上断面流量差 (m^3/s)	河道长度 (km)	渗入率或渗出率 ($m^3/(s·km)$)
起				迄							
年	月	日	时	月	日	时					
2001	08	31	10	09	15	19	莺落峡	100			
							高崖	84.4	15.6	53	0.294
							正义峡	88.3	−3.90	132	−0.030
2002	07	08	08	07	20	13	莺落峡	256			
							高崖	213	43.0		0.811
							正义峡	223	−10.0		−0.076
2002	09	10	08	10	23	17	莺落峡	49.6			
							高崖	39.2	10.4		0.196
							正义峡	46.2	−7.0		−0.053

续表 7-11

时间							站名	平均流量 (m³/s)	与上断面流量差 (m³/s)	河道长度 (km)	渗入率或渗出率 (m³/(s·km))
起				迄							
年	月	日	时	月	日	时					
2003	07	10	08	07	17	16	莺落峡	96.1			
							高崖	66.9	29.2		0.551
							正义峡	70.2	-3.3		-0.025
2003	08	08	08	08	22	22	莺落峡	185			
							高崖	142	43.0		0.811
							正义峡	147	-5.0		-0.038
2003	09	05	08	10	17	17	莺落峡	110			
							高崖	90.1	19.9		0.375
							正义峡	110	-19.9		-0.151

由表 7-11 可看出：在各时段从莺落峡到高崖河段，水量减小，说明地表水渗入补给地下水，最大渗入率为 0.811 $m^3/(s\cdot km)$，最小渗入率为 0.196 $m^3/(s\cdot km)$；高崖到正义峡河段(现中游已无区间径流加入)，水量增加，说明地下水排泄渗出补给地表水，最大渗出率为 0.151 $m^3/(s\cdot km)$，最小渗出率为 0.025 $m^3/(s\cdot km)$。

7.7.2　中游径流量沿程变化分析

为较详细了解黑河中游不同区段地表水与地下水补排关系，在 2002 年 12 月(基流状态，无引水)和 2003 年 9 月(汛期，因黑河调水引水闸门关闭，也无引水干扰)，在黑河中游沿河按一定距离(10 km 左右)设置了测流断面，进行流量测定，结果见表 7-12。

表 7-12　黑河中游水量沿程变化计算(2002 年 12 月)

序号	断面名称	实测流量 (m³/s)	断面间距 (km)	流量差 (m³/s)	渗入率或渗出率 (m³/(s·km))
1	莺落峡	20.6	0		
2	草滩庄	16.7	9	3.9	0.433
3	黑河大桥	11.5	21	5.2	0.248
4	高崖	18.9	23	-7.4	-0.322
5	友好	21.3	10	-2.4	-0.240
6	板桥	29.4	7	-8.1	-1.157
7	黄一	31.8	13	-2.4	-0.185
8	平川	32.3	12	-0.5	-0.042
9	五三	33.4	15	-1.1	-0.073
10	六坝	33.2	13	0.2	0.015
11	八坝	34.5	13	-1.3	-0.100
12	胭脂	36.7	15	-2.2	-0.147
13	罗城桥	37.4	13	-0.7	-0.054
14	正义峡	41.5	21	-4.1	-0.195

由表 7-12 和图 7-22(2002 年 12 月测流结果)看出，莺落峡至国道 312 线黑河大桥

(图中 30 km 处)河段水量沿程减小,说明地表水由于渗入补给地下水而减少,最大渗入率为 0.433 m^3/(s · km),最小渗入率为 0.248 m^3/(s · km);黑河大桥至正义峡河段水量沿程增加,说明地下水排泄渗出补给地表水,最大渗出率为 1.157 m^3/(s · km),最小渗出率为 0.042 m^3/(s · km)。但个别断面如五三断面—六坝断面之间补排反常,可能是由于地下水开采导致局部地表水补给地下水。

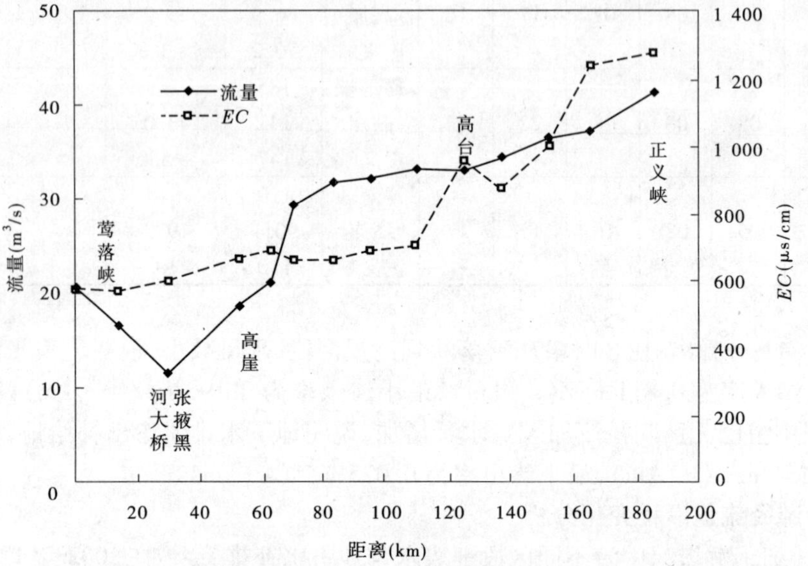

图 7-22　黑河中游河段低流量及 *EC* 沿程变化过程线

2003 年 9 月测流结果(见图 7-23)反映的变化趋势与 2002 年 12 月的变化趋势一样,莺落峡至黑河大桥河段水量沿程减小,黑河大桥至正义峡河段水量基本沿程增加,特别在张掖黑河大桥至高台河段。但在高台以下河段流量减少,这是由于地下水开采引起地表

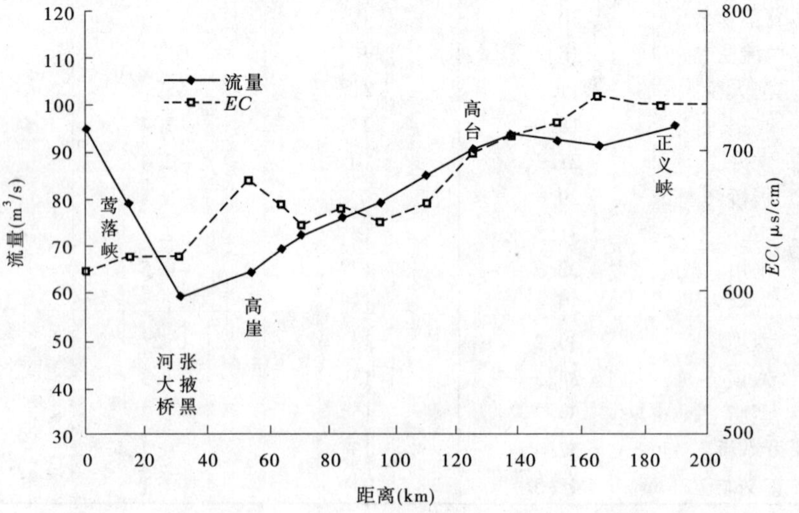

图 7-23　黑河中游流量及 *EC* 沿程变化过程线(2003 年 9 月)

水回补的结果。

7.8　中游水循环模式及特征

根据黑河中游地下水环境同位素分布特征,大致可将中游地下水分为两个地下水系统,一个是径流较快的浅层地下水流系统,水的垂向交换较强烈,主要接受现代水的补给,地下水年龄较年轻,另一个是径流缓慢的深层承压水系统,主要表现为活塞流特征,地下水基本不含或含很低的^{3}H 和 CFCs,地下水年龄较老,反映地下水形成年代较早,两个不同的地下水系统具有不同的水循环特征。

中游自出山口莺落峡至张掖河段为山前冲洪积扇带,埋深较大的地下水与地表水具有相同或相似的水化学特征和同位素组成,反映其来源相同,地下水水化学和同位素组成基本保持稳定,同时根据沿程流量的衰减,反映该区域地下水主要接受出山河水或渠系入渗的补给;同时地下水^{3}H 和 CFCs 含量较高,其 CFCs 表观年龄一般为 20 年左右,说明水交替更新较快,地下水积极参与现代水循环。河流呈"悬挂式"垂直入渗补给地下水,地表水体与地下水面不接触,地下水埋深可达 200 m 以上,该区域地表水与地下水转化关系可用图 7-24 来表示。

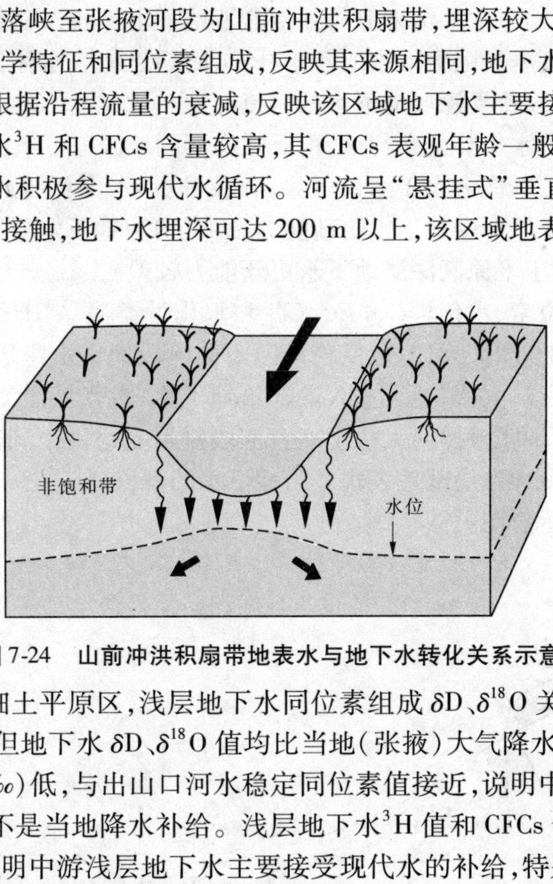

图 7-24　山前冲洪积扇带地表水与地下水转化关系示意图

中游张掖盆地细土平原区,浅层地下水同位素组成 δD、δ^{18}O 关系点大多落在 LMWL(山区)降水线附近,但地下水 δD、δ^{18}O 值均比当地(张掖)大气降水平均值(δD、δ^{18}O 分别为 -6.3‰和 -41.6‰)低,与出山口河水稳定同位素值接近,说明中游浅层地下水主要来自黑河河水补给,而不是当地降水补给。浅层地下水^{3}H 值和 CFCs 含量较高,地下水年龄大多在 15 ~ 35 年,说明中游浅层地下水主要接受现代水的补给,特别是地表水的补给,并且水交替迅速,但这种交换主要通过引水灌溉以垂向交换方式实现的。

中游张掖盆地浅层地下水的 δD、δ^{18}O 沿水流流动途径有逐渐富集的趋势,盆地北部地下水浅埋区地下水在 δD—δ^{18}O 关系图上,斜率变小向右偏移,同时地下水 *TDS* 增高,水化学类型发生变化,说明在细土平原较浅层地下水受到较强烈的蒸发作用或受经过强烈蒸发作用的灌溉水的补给。

盆地溢出带以下细土平原的深层承压水稳定同位素组成说明深层地下水与浅层地下水、地表水来源一致,但重同位素明显贫乏,同时^{3}H 值和 CFCs 含量较低,为 50 年前形成的"老水",可推测深层地下水是在年代较早、气候寒冷条件下形成的,水交替与更新缓慢，基本不参与现代水循环。环境同位素也证明，深层地下水自南向北基本呈活塞式水流运动。

在细土平原多层含水层中，地下水的同位素特征具有明显的分层性，随着深度的增加，δD、$\delta^{18}O$ 值减小，*TDS* 也降低，^3H 和 CFCs 含量变低，说明不同层位地下水形成年代不同，蒸发影响程度不同，深层地下水对上部地下水存在越流补给作用。中深层地下水表现为古水和现代水的混合，在一定程度上参与了现代水循环。

酒泉东盆地地下水同位素组成与张掖盆地地下水同位素组成有明显差异，远离河流莲花—明海一带浅层地下水稳定重同位素 δD、$\delta^{18}O$ 明显偏贫，$\delta^{18}O$ 值一般小于 −8‰，与该区域深层地下水同位素组成接近，从 ^3H 和 CFCs 含量分析，其地下水补给年龄比张掖盆地老，反映酒泉东盆地地下水补给来源与张掖盆地地下水不同，该地下水主要来自西南祁连山冰雪融水和山区基岩裂隙地下水的侧渗补给，而缺乏地表水体（如灌溉水）的垂向入渗补给，浅层地下水明显接受深层地下水的越流补给。

根据中游盆地地下水年龄分布特征，可反映出不同地区地下水更新能力有较大差异，张掖盆地浅层地下水更新能力大于酒泉东盆地浅层地下水更新能力；山前冲洪积扇带地下水更新能力大于细土平原带地下水更新能力；靠近河边地下水更新能力大于远离河边的地下水更新能力；细土平原区深层地下水更新能力较差。

根据沿河环境同位素、水化学（如 *EC*、Cl^- 和水化学类型）、^3H 和 ^{222}Rn 的规律性变化以及沿河测流结果，相互印证，可清楚反映黑河不同河段地表水与地下水的转化关系：自出山口莺落峡至张掖黑河大桥，地表水入渗补给地下水；自张掖黑河大桥以下河段，基本是地下水补给河水，其中张掖黑河大桥至高台河段排泄量最大。同时在高台附近及以下断面存在地下水强开采导致局部地表水补给地下水的现象。

黑河中游水循环示意图见图 7-25。

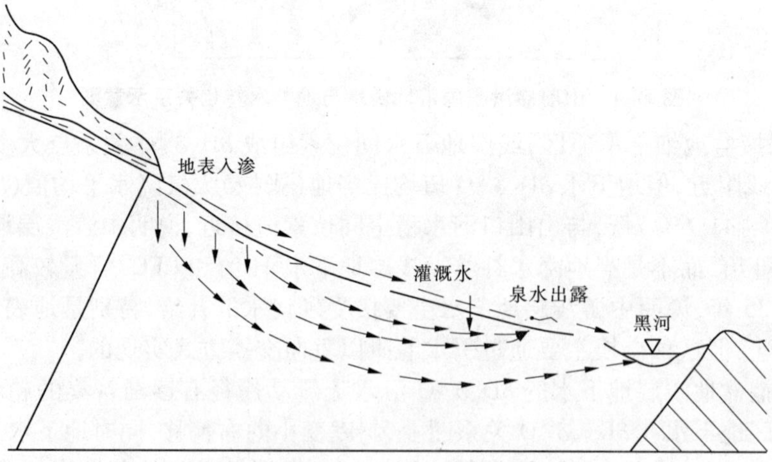

图 7-25　黑河中游水循环示意图

第 8 章　黑河下游水循环模式

8.1　地下水的补给、径流与排泄条件

黑河下游地处我国西北内陆腹地，为典型的大陆性干旱气候区，大部分地区为戈壁沙漠（见图 8-1 下游遥感影像图），降水量极少，蒸发强烈，多年平均降水量为 47 mm，年最大为 103 mm，最小仅为 7 mm，年蒸发能力平均高达 2 250 mm 以上，自然条件非常恶劣，生态环境极为脆弱，是黑河径流消失区。

图 8-1　黑河下游遥感影像图（2000 年）

黑河是流入下游盆地唯一的河流，也是维系额济纳绿洲的主要水资源，在额济纳盆地内的总流长约 240 km，河流在狼心山分为东、西两个支流（河），分别流向盆地北部的东、西居延海，即黑河的尾闾。盆地内地势低平，海拔高程介于 820 ~ 1 127 m，总体上，地势自

南向北，自东向西缓慢倾斜，地面坡降 1‰ ~ 3‰，最低点为盆地北部的东西居延海，最高点为南部的狼心山。

由于河水的滋润，在额济纳盆地干三角洲上，形成了以胡杨、沙枣、柽柳、苦豆子及甘草等为主的现代荒漠河岸绿洲。额济纳绿洲的植被，是以地下水为主要耗水来源的天然植物群落，既是我国第二大胡杨林生长地，同时也是阻挡风沙进入我国内陆的第一道绿色天然屏障。

下游盆地包括鼎新盆地和额济纳盆地，盆地内分布广泛的第四纪松散沉积物，厚度为 50 ~ 400 m，自南向北渐薄，在第四纪松散沉积物内，广泛分布丰富孔隙水，盆地内部基底主要以侏罗系地层为主。

由于降水稀少，当地降水对地下水的入渗补给十分微弱。下游盆地地下水主要接受黑河河水的季节性垂向渗漏补给，盆地南部河床岩性为卵砾石和粗砂，地表水渗漏量大，河床渗漏补给地下水，然后自南向北径流，到老西庙—木吉湖一带后，地下水流向多层含水层系统。地下水进入多层含水系统中，地下水继续向北流向居延海。由于多层含水系统中无区域性的稳定隔水顶板，各含水层间存在一定水力联系，各含水层间存在着由下向上的越流补给。

除黑河补给外，还有极少量大气降水（凝结水）的入渗补给、盆地周边的侧向径流补给。地下水的排泄方式主要有潜水的蒸发、植被的蒸腾和地下水的开采等。

8.2　入境径流分析

8.2.1　下游入境水量

黑河下游入境径流控制站为正义峡水文站（见图 8-2）。1956 ~ 2004 年年均径流量为 9.98 亿 m^3，C_v 值为 0.273，比上游黑河出山口径流 C_v 值大许多，反映入境径流量年际变化较大，特别是近 20 年。

图 8-2　正义峡水文站（2002 年）

在 20 世纪 90 年代以前，黑河下游来水量基本呈现周期性丰枯变化，之后随着黑河中游水资源开发利用规模的快速扩大，进入下游水量大幅减少（见图 8-3），1990 ~ 1999 年正义峡年均 7.74 亿 m^3，其中 1997 年仅 5.13 亿 m^3。

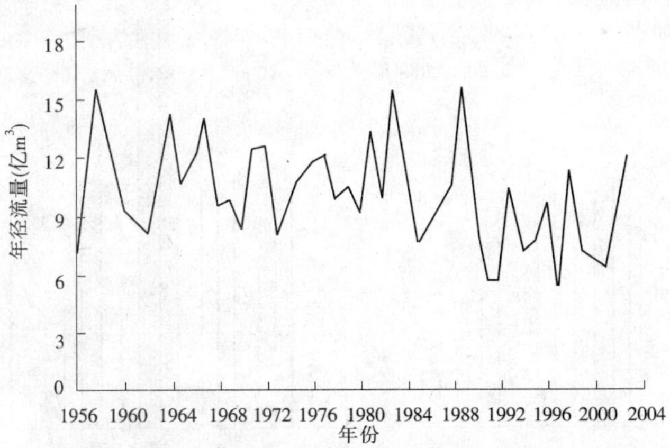

图 8-3　正义峡水文站年径流量过程图（1956 ~ 2003 年）

由于 20 世纪 90 年代中游用水量的增加，导致下游来水大幅减少，上游来水的减少致使盆地绿洲内的河道断流、湖泊干涸、地下水位大幅下降、土地荒漠化、植被退化，成为我国西北干旱地区土地荒漠化和生态环境严重退化的典型地区（见图 8-4）。2001 年国务院批复水利部《黑河流域近期治理规划》，开始实施黑河调水措施，自此之后正义峡下泄水量衰减的趋势得以扭转，下泄水量逐渐得以恢复。

图 8-4　下游由于来水减少，大量植被死亡（柽树林）

黑河下游入境水量的年内变化见图 8-5，下游入境水量最枯月份为春季 4 ~ 6 月，与中游大量引水月份相对应，7 ~ 9 月来水相对较丰。黑河实施调水措施后，对入境水量的年际、年内分配影响较大，自 2000 年调水以来，下泄水量明显增加，采取的措施是在每年

8 月下旬～11 月采取全线闭口,集中下泄,因此 9、10 月份正义峡入境水量大增,较调水前平均增大了 102%。

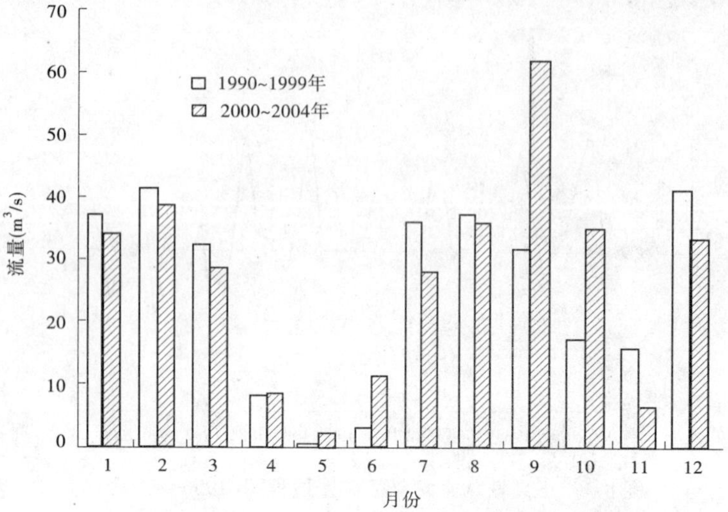

图 8-5　正义峡入境水量月分配图

8.2.2　额济纳盆地入流量

黑河自正义峡进入下游,经鼎新盆地后进入额济纳盆地,狼心山水文站可作为额济纳盆地来水控制站(见图 8-6)。由于正义峡至狼心山河段位于下游冲洪积扇上部,河床岩性一般为砂砾石、中粗砂,河道浅而宽,同时河道经常处于干涸状态,地表水的入渗量非常

图 8-6　狼心山控制站(摄于 2002 年 9 月)

大,加上区间鼎新灌区用水和东风场区用水量较大,使进入下游额济纳盆地的水量锐减,见表 8-1。

表 8-1　黑河下游径流量统计　（单位:亿 m^3）

年份	正义峡	哨马营	狼心山	正—狼之差
1988	10.56		5.30	5.26
1989	15.73		10.80	4.93
1990	8.56		5.83	2.73
1991	5.51		2.80	2.71
1992	5.48		1.83	3.65
1993	10.42		5.18	5.24
1994	7.02		2.67	4.35
1995	7.54		3.81	3.73
1996	9.55		5.03	4.52
1997	5.13		2.11	3.02
1998	11.21	8.48	5.24	5.97
1999	7.02	4.33	3.22	3.80
2000	6.60	3.91	2.83	3.77
2001	6.09	2.28	1.29	4.80
2002	9.12		4.89	4.23
2003	11.99		7.40	4.59
平均	8.60		4.39	4.21

如表所述,正义峡 1988 ~ 2003 年年均来水量为 8.6 亿 m^3,狼心山入流量为 4.39 亿 m^3,区间损失量达到 4.21 亿 m^3。如扣除区间 1.5 亿 m^3 左右耗水量和蒸发损失量,则区间入渗量在 2 亿 ~ 3 亿 m^3 之间。哨马营资料系列不全,根据正义峡和哨马营 1998 ~ 2001 年 4 年资料,区间损失量平均为 2.98 亿 m^3,如扣除区间大约 1 亿 m^3 的灌溉耗水,区间入渗量应为 2 亿 m^3 左右。

从狼心山来水年内分配看,在黑河实施调水前,非汛期 1 ~ 3 月和 12 月水量较大,汛期 7 ~ 9 月与非汛期这几个月来水量相差不大,4 ~ 6 月是年内低谷,在枯水年份,此时间段河道常常断流,10、11 月水量也较小。黑河自 1999 年实施调水以来,年内水量发生了显著变化,调水月份(7 ~ 10 月),来水量大增,2002 ~ 2003 年 7 ~ 10 月来水量占年来水量的 70%,比调水前的 39% 增加 31%(见图 8-7)。

8.3　下游地下水动态

黑河是进入下游的唯一河流,下游河流附近地下水动态变化明显受上游来水丰枯的影响[51]。

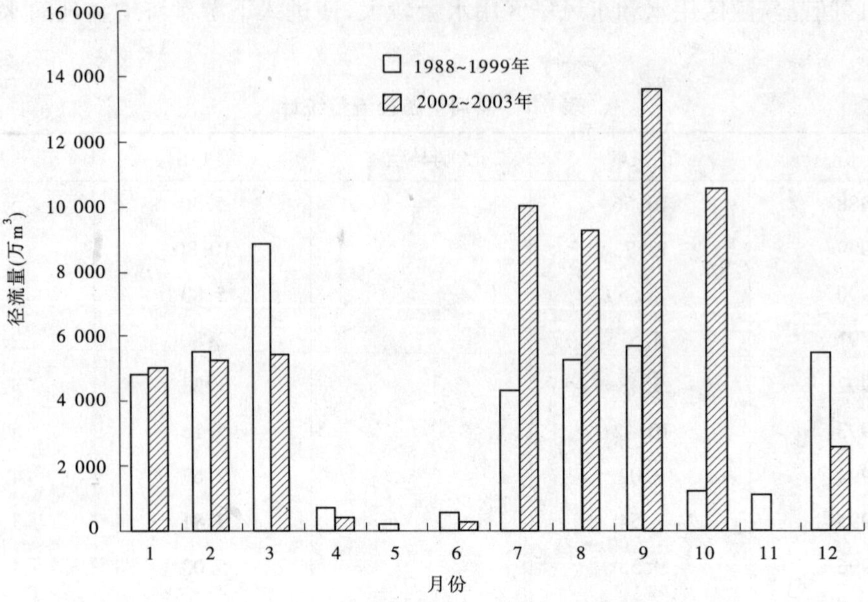

图 8-7　黑河调水前、后狼心山月过程柱状图

图 8-8、图 8-9 分别为下游盆地狼心山和额济纳旗地下水动态变化图,可以看出,1 ~ 3 月,由于下游来水量相对较大、地下水位维持较高水平,地下水埋深最小;3 月份以后,下游来水由于中游灌溉大量引水而大幅减少,地下水位开始持续下降,7、8 月份下降到最低点,埋深达到最大值;7 月份后汛期来临,由于来水量增多,地下水位持续回升,地下水埋深变小,到 12 月可恢复到较高的水位, 地下水对地表水的响应滞后两个月。 同时还可看

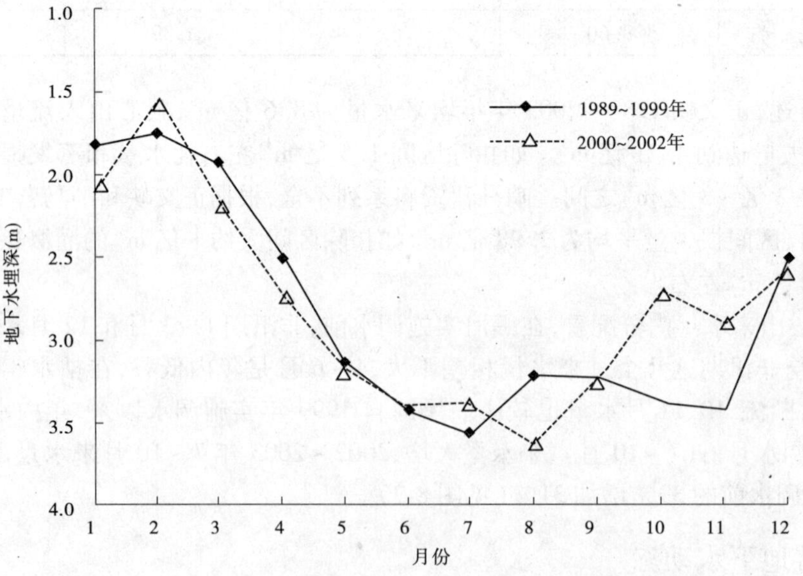

图 8-8　狼心山水文站观测井浅层地下水动态(埋深)变化图

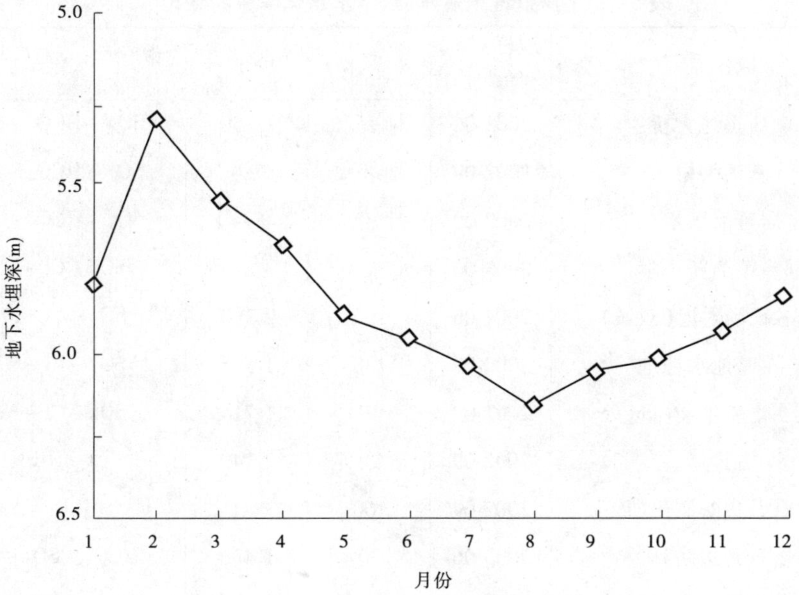

图8-9 额济纳旗附近地下水浅层动态(埋深)变化图(2003年)

出,黑河实施调水前,由于汛期来水量不大,8月份后,地下水位回升较慢。2000年后,黑河实施调水,在调水期间7~10月中游引水闸门等全线闭口,下游来水量大增,下游地下水回升明显加快。

黑河调水对下游区域地下水的恢复有较大影响,区域地下水位有一定回升,但由于黑河调水时间短,地下水位回升幅度还不大。

8.4 下游地表水、地下水水化学分布特征

根据水化学分析结果可知,下游盆地内地表水、地下水水化学空间特征具有一定的规律性,见表8-2。

8.4.1 下游地表水水化学特征

下游盆地河流来自祁连山降水补给的黑河,在河道正常过水情况下,矿化度*TDS*较低,一般在0.6~0.8g/L,比中游*TDS*(一般小于0.5g/L)稍高,*EC*一般在750~1 500 μs/cm,阴离子主要以SO_4^{2-}和HCO_3^-占优势。

由于盆地内气候极度干燥,降水量少,蒸发强烈,受此因素影响,自南向北,河流地表水*TDS*呈缓慢增大的变化趋势,水中Cl^-和Na^+含量逐渐增加,其水化学类型也由南部的$SO_4-HCO_3-Ca-Mg$型转化为北部居延海$SO_4-HCO_3-Na-Mg$型等。

表 8-2　下游盆地地表水、地下水水化学分析结果

序号	取样点	取样时间（年-月）	井深(m)	EC (μs/cm)	水化学类型
1	鼎新黑河大桥	2003-06	地表水	1 150	$SO_4-HCO_3-Na-Mg$
2	基地大桥	2002-09	地表水	786	$SO_4-HCO_3-Ca-Mg$
3	东居延海入水口	2002-09	地表水	835	$SO_4-HCO_3-Na-Mg$
4	鼎新镇鼎新小学	2003-06	7	3 290	$SO_4-Cl-Na-Mg$
5	鼎新靠靶场附近(双城)	2004-06	100	2 280	$SO_4-Cl-Mg-Na$
6	空军基地水源地	2002-09	130	1 565	$SO_4-Cl-Na-Mg$
7	83 号井，基地 46 km 处	2002-09	60	1 714	$SO_4-Cl-Na-Mg$
8	古日乃	2002-09	20	2 240	$Cl-HCO_3-Na$
9	古日乃边防派出所	2002-09	150	941	$Cl-Na$
10	古日乃边防站	2003-06	30	1 430	$HCO_3-SO_4-Cl-Na$
11	发射场内	2004-06	120	1 120	$HCO_3-SO_4-Cl-Mg$
12	基地湿水地	2004-06	80	1 270	$HCO_3-SO_4-Cl-Mg-Na$
13	狼心山水文站院外	2003-06	70	1 180	$SO_4-HCO_3-Mg-Na$
14	九号基地 13 号井	2004-06	100	1 270	$SO_4-Cl-Mg$
15	空 3 基地三站四队(B 井)	2003-06	136	695	$HCO_3-SO_4-Na-Mg$
16	空 2 基地三站四队(A 井)	2003-06	40	2 140	$SO_4-HCO_3-Cl-Na-Mg$
17	空 2 基地三站六队(A 井,水塔边)	2003-06	80	1 150	$HCO_3-SO_4-Na-Mg$
18	空 2 基地三站六队(B 井,新打井)	2003-06	300	602	$HCO_3-SO_4-Na-Mg$
19	巴彦宝格德苏木人民政府	2003-06	28	1 650	$SO_4-HCO_3-Na-Mg$
20	Ⅱ2 井旁的牧民家	2004-06	6.5	1 080	$HCO_3-SO_4-Cl-Mg-Na$
21	河边牧民家	2004-06	6.5	1 240	HCO_3-SO_4-Mg
22	公路边牧民家	2004-06	7	1 430	$HCO_3-SO_4-Cl-Mg-Na$
23	伊贡傲土	2004-06	11	1 690	$SO_4-Cl-Mg-Na$
24	库荣陶勒盖	2004-06	2.5	2 986	$HCO_3-Cl-Mg-Na$
25	纳林乌苏	2004-06	50	1 870	$HCO_3-SO_4-Cl-Ca-Mg$
26	防空堡	2004-06	浅井	840	$HCO_3-SO_4-Mg-Na$
27	黑城遗址	2004-06	120	612	$HCO_3-SO_4-Ca-Mg$
28	吉日格朗图苏木(黑河东河)	2003-06	泉水	2 230	$SO_4-Cl-Na-Mg$
29	赛汉陶来苏木武装部	2002-09	20	1 600	$SO_4-Cl-Na-Mg$
30	额旗农场一号井	2004-06	120	2 950	$HCO_3-SO_4-Cl-Ca-Mg$

续表 8-2

序号	取样点	取样时间（年-月）	井深（m）	EC（μs/cm）	水化学类型
31	额旗农场 2 号井	2004-06	120	4 440	$HCO_3 - Cl - Mg$
32	农场三连	2004-06	60	2 060	$SO_4 - Cl - Mg - Na$
33	额旗水务局院内	2004-06	136	1 770	$SO_4 - Cl - Ca - Mg$
34	额旗水利工作队	2004-06	100	1 130	$SO_4 - Cl - Ca - Mg$
35	王爷府路对面	2003-06	15	3 400	$SO_4 - HCO_3 - Mg - Na$
36	吉日格朗图苏木（二号山）	2003-06	12	4 290	$SO_4 - Cl - Mg - Na$
37	苏泊淖尔苏木喜光砖厂机井	2003-06	12	4 090	$SO_4 - Cl - Na - Mg$
38	苏泊淖尔边防派出所（A 井，门口边）	2003-06	25	2 640	$SO_4 - Cl - HCO_3 - Na - Mg$
39	马玉五家	2004-06	136	1 002	$HCO_3 - SO_4 - Cl - Mg - Na$
40	依布土喀喳（新井）	2002-09	130	2 001	$SO_4 - Cl - Na$
41	亚布图宝思吉格德路边莫勒根家	2003-06	12	1 130	$SO_4 - HCO_3 - Na - Mg$
42	查干艾木	2002-09	60	2 500	$Cl - SO_4 - Na$
43	自流井 2 号	2004-06	泉水	2 490	$SO_4 - Cl - Na$
44	东居延海（泉眼）	2002-09	泉水	2 650	$SO_4 - Cl - Na$
45	自流井 3 号	2004-06	泉水	2 360	$SO_4 - Cl - Na$
46	老口岸	2004-06	180	1 780	$SO_4 - Cl - Ca - Na$
47	边防口岸	2004-06	110	1 740	$SO_4 - Cl - Ca - Mg$
48	国门	2004-06	150	2 170	$SO_4 - Cl - Ca - Na$

8.4.2　下游地下水水化学特征

8.4.2.1　鼎新盆地

鼎新盆地由于地下水位埋深浅，受较强烈的蒸发作用和灌溉回归水的入渗影响，浅层地下水 *TDS* 较高，平均在 2 g/L 左右，*EC* 一般在 3 000 ~ 3 400 μs/cm，地下水阴离子以 SO_4^{2-} 为主，阳离子以 Mg^{2+} 为主，水化学类型主要为 $SO_4 - Cl - Mg - Na$ 型。

盆地深层地下水 *TDS* 比浅层地下水低，*EC* 介于 1 500 ~ 2 500 μs/cm 之间，水化学类型与浅层水基本一样，反映浅层水与深层水存在明显的水力联系，也反映浅层水、深层水受蒸发作用强度的差异性。

8.4.2.2　额济纳盆地

额济纳盆地地下水水化学组成比较复杂，不同地质单元、不同区域、不同含水层具有不同的水化学特征。

盆地南部冲洪积扇顶部单一结构含水层区，是盆地地下水的主要补给区，地下水埋深较大，河流附近浅层地下水由于地表水的入渗补给，水交替强烈，水循环较快，一般为矿化度小于1 g/L的淡水,*EC*一般在1 000 ~2 000 μs/cm之间,水化学类型一般为$HCO_3-SO_4-Cl-Mg$型或$SO_4-HCO_3-Na-Mg$型,向河流东西两侧,*TDS*为1 ~3 g/L,地下水化学类型主要为$SO_4-HCO_3-Na-Mg$型。

南部深层地下水*TDS*比浅层地下水低,100 m左右井深地下水*EC*一般在1 200 μs/cm左右,水化学类型主要为$SO_4-HCO_3-Na-Mg$型;远离河边深层地下水*TDS*较河边附近深层地下水低,*EC*一般小于1 000 μs/cm,且水化学类型为$HCO_3-SO_4-Na-Mg$型。靠近河边深层地下水*TDS*相对偏高的原因,据推测是盆地南部狼心山以上为酒泉卫星基地,由于基地大量开采地下水,导致深层地下水与浅层地下水相混合,深层地下水*TDS*升高。

盆地东南部古日乃浅层地下水,*TDS*一般为1 ~2 g/L,*EC*大多为1 000 ~2 500 μs/cm。阴离子以Cl^-为主,阳离子以Na^+为主,水化学类型主要为$Cl-HCO_3-Na$型。在低洼处泉水出露处,由于受强烈蒸发作用,*TDS*非常高,*EC*高达6 000 ~7 000 μs/cm,水化学类型属Cl – Na型。

古日乃深层地下水*TDS*明显比浅层水低,边防派出所院内一深井(井深大于100 m),*TDS*仅0.6 g/L,*EC*为941 μs/cm,水化学类型为$Cl-SO_4-Na$型。进素土海子浅层地下水矿化度大于3 g/L,水化学类型为Cl – Na型。

额济纳旗城至居延海区域,浅层地下水由于埋深变浅,水循环变缓,受蒸发等影响,*TDS*较高,为1.5 ~3 g/L,*EC*大都在2 000 ~4 500 μs/cm之间,地下水中Cl^-含量大幅度提高,水化学类型主要为$HCO_3-Cl-Ca-Mg$型和$SO_4-Cl-Na-Mg$型。而深层地下水,*TDS*明显偏小,*EC*在1 000 ~2 000 μs/cm之间,水化学类型为$HCO_3-SO_4-Cl-Mg$型和$SO_4-Cl-Ca-Mg$型。

自东西居延海至中蒙边境,所采样品大多为深层地下水。居延海地势低洼,深层承压水呈自流状态,水头最高可高出地面1 m多。东西居延海自流承压水*TDS*为1.8 g/L左右,*EC*在2 290 ~2 640 μs/cm之间,水化学类型主要为$SO_4-Cl-Na$型。自北部中蒙边境向南部居延海区域地下水的*TDS*逐渐增高,为2 ~3 g/L,*EC*由1 700 μs/cm增加到2 640 μs/cm,地下水水化学类型由北部边界的$SO_4-Cl-Na-Ca$型变为$SO_4-Cl-Na$型。

从水化学演变趋势分析,由盆地南部至居延海,深层地下水的*TDS*由0.7 g/L增加到1.8 g/L,水化学类型由$SO_4-HCO_3-Na-Mg$型转变为$SO_4-Cl-Na$型;盆地北部边缘中蒙边境至居延海,深层*TDS*也呈现增大变化趋势,水化学类型由边境的$SO_4-Cl-Na-Ca$型变为居延海的$SO_4-Cl-Na$型。这种演变趋势反映出居延海区域是盆地地下水的排泄区。

8.5 环境同位素分布特征

8.5.1 稳定同位素组成

黑河下游部分地表水、地下水同位素分析结果见表8-3。黑河下游地表水与地下水δD—$\delta^{18}O$关系见图8-10。

表 8-3　额济纳盆地部分水样同位素组成

序号	取样日期（年-月）	取样地点	水样类型	EC（μs/cm）	δD（‰,SMOW）	$\delta^{18}O$（‰,SMOW）	^{3}H（TU, ±2）
1	2003-06	鼎新黑河大桥	地表水	1 150	-54.4	-5.71	
2	2002-09	哨马营水文站	地表水	781	-44.5	-7.07	29.3
3	2002-09	狼心水文站东河	地表水	789	-41.8	-6.93	26.6
4	2002-09	鼎新双城	浅层水	3 630	-38.4	-5.29	28
5	2002-09	鼎新友好	浅层水	1 498	-43.7	-7.73	23
6	2002-09	空军基地	深层水	1 565	-50.2	-7.64	14.2
7	2002-09	基地 83 号井	浅层水	1 714	-47.0	-7.33	16.3
8	2002-09	古日乃	浅层水	2 240	-48.6	-3.10	17.7
9	2002-09	古日乃边防派出所	深层水	941	-58.1	-4.52	0.4
10	2002-09	大树里	深层水	1 066	-48.5	-7.48	16.9
11	2002-09	基地公园	浅层水	2 890	-45.4	-6.64	18.9
12	2002-09	狼心山水文站	浅层水	1 256	-46.9	-7.48	20.5
13	2002-09	十七号基地	深层水	1 118	-52.6	-8.08	18.1
14	2002-09	巴彦保格德苏木	浅层水	1 600	-48.4	-7.51	28.5
15	2002-09	莱茨格敖包	浅层水	1 480	-47.0	-7.11	17.1
16	2002-09	王爷府	浅层水	4 720	-46.1	-6.77	16.9
17	2002-09	王爷府附近	深层水	2 190	-46.6	-6.58	15.3
18	2002-09	四道桥	浅层水	3 000	-44.6	-6.82	24.9
19	2002-09	东德布家	深层水	939	-49.2	-6.95	6.5
20	2002-09	依布土喀喳	深层水	2001	-54.8	-7.60	15.1
21	2002-09	东居延海自流井	泉水	2 650	-87.9	-10.22	3.6
22	2003-06	鼎新镇	浅层水	3 290	-47.3	-5.90	21.2
23	2003-06	古日乃牧民家	浅层水	2 130	-50.2	-2.98	12.9
24	2003-06	进素土海子	浅层水	2 240	-57	-3.7	15.2
25	2003-06	基地三站四队	深层水	695	-58.8	-7.86	0.61
26	2003-06	基地三站四队	浅层水	2 140	-57.6	-7.26	7.76
27	2003-06	苏泊淖尔派出所	浅层水	2 640	-57.2	-6.72	27.4
28	2004-06	十号基地	深层水	1 270	-52.4	-7.27	22.3
29	2004-06	河边牧民家	浅层水	1 240	-56.6	-7.3	25.9

续表 8-3

序号	取样日期（年-月）	取样地点	水样类型	*EC* (μs/cm)	δD (‰,SMOW)	$\delta^{18}O$ (‰,SMOW)	^{3}H (TU, ±2)
30	2004-06	公路边牧民家	浅层水	1 430	-51.2	-7.68	9.9
31	2004-06	黑城遗址	深层水	612	-58.1	-8.38	2.3
32	2004-06	夏勒可乐	深层水	2 690	-63.8	-9.6	0.7
33	2004-06	额旗农场	深层水	2 950	-52.9	-7.48	6.1
34	2004-06	额济纳旗城	深层水	1 130	-52.7	-6.78	0.38
35	2004-06	农场六连	深层水	1 840	-50.2	-6.23	12.6
36	2004-06	西居延海自流井	泉水	2 490	-73.2	-9.71	8.0
37	2004-06	老口岸	深层水	1 780	-73.4	-9.83	1.4
38	2004-06	四号山	浅层水	840	-61.9	-9.97	0.68
39	2002-09	查干艾木	深层水	2 100	-57.2	-7.8	0.93

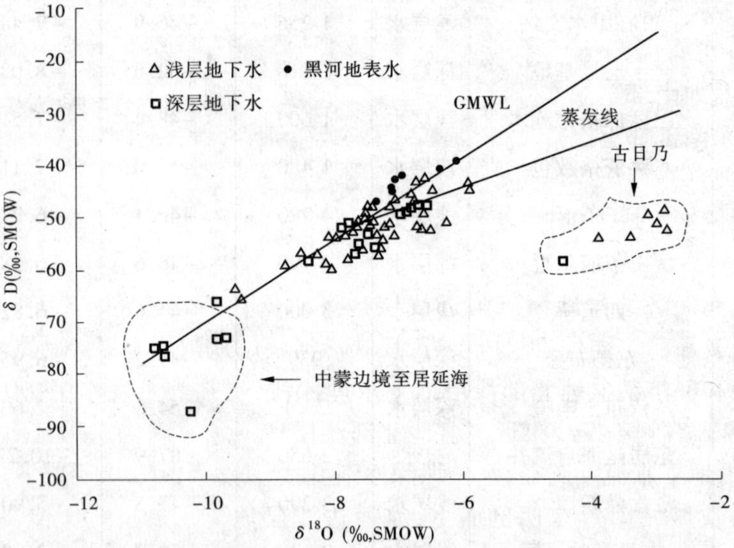

图 8-10　下游盆地地表水、地下水稳定同位素 δD—$\delta^{18}O$ 关系

8.5.1.1　地表水同位素组成

从图 8-10 可以看出，盆地河水稳定同位素组成 δD—$\delta^{18}O$ 关系大多位于全球降水线 GMWL 左侧，其 $\delta^{18}O$ 和 δD 变化范围分别在 -7.35‰ ~ -6.32‰和 -46.6‰ ~ -39‰，氘过量参数 d($d = \delta D - 8 \times \delta^{18}O$) 平均为 +12‰。与中游河水相比，下游河水重同位素明显富集，并向右偏离山区雨水线。越往下游，河水偏离程度越大，显示蒸发对河水同位素组成的影响。

2002 年 9 月在黑河调水期间，沿河采集河水稳定同位素样品，根据分析结果绘制了

图 8-11，从中可以看出，由于受蒸发的影响，沿河自南向北，重同位素 $\delta^{18}O$ 沿河逐渐富集，基本呈单调缓慢增长趋势。

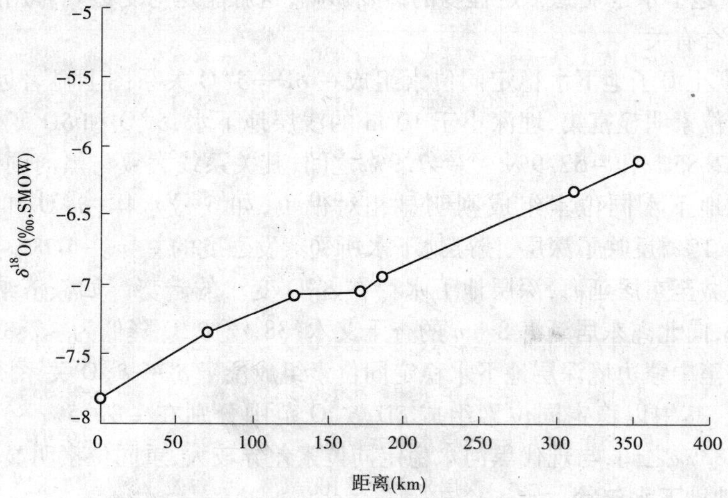

图 8-11　下游 $\delta^{18}O$ 沿河变化(2002 年 9 月)

8.5.1.2　地下水同位素组成

从图 8-10 可看出，下游盆地地下水同位素组成分布明显可分为 3 个区域：

(1)下游盆地南部至东西居延海区间深、浅层地下水；

(2)盆地东南部邻近巴丹吉林沙漠古日乃地下水；

(3)盆地北部东西居延海至中蒙边境深层地下水。

地下水同位素组成上的这种分区，表明不同地区地下水在补给来源和循环历程上的差异。

鼎新盆地和额济纳盆地河流附近浅层地下水同位素组成 δD、$\delta^{18}O$ 平均为 -50‰、-7.3‰，与地表水稳定同位素组成接近，反映沿河浅层地下水主要接受黑河水的补给。

鼎新盆地和额济纳盆地北部浅层地下水埋深浅，受强烈蒸发作用，δD—$\delta^{18}O$ 关系点大多位于 GMWL 右侧蒸发线附近。盆地北部浅层地下水重同位素明显比南部浅层地下水富集，反映沿地下水流动路径，水位埋深逐渐变浅，蒸发作用影响更强。

在狼心山长城站附近东西剖面上，靠河边浅层地下水 δD、$\delta^{18}O$ 值高，$\delta^{18}O$ 范围在 -7.8‰ ~ -6.76‰，δD 在 -50‰ ~ -45%，与河流接近，在两河中心地带地下水 δD、$\delta^{18}O$ 值低，δD、$\delta^{18}O$ 平均为 -8.4‰、-56‰，反映河水对靠近河流的地下水补给影响大于远离河边的地下水。

在离狼心山 70 km 以下东西两河间，浅层地下水存在低值区，在其中心部位一浅层地下水 δD、$\delta^{18}O$ 值分别为 -62‰和 -9.97‰，指示可能存在深层地下水的越流顶托补给。在远离河边 27 km 的下勒可勒天然绿洲带，浅层地下水 δD、$\delta^{18}O$ 值也较低，δD、$\delta^{18}O$ 值分别介于 -70‰ ~ -64‰和 -10.06‰ ~ -9.6‰，从遥感地形分析，该区域为古河道，可能存在古黑河水的越流补给。

额济纳盆地南部，大多数深层地下水稳定同位素组成与浅层地下水在 δD—$\delta^{18}O$ 关系图上位于同一区域，说明深层地下水与浅层地下水来源相同，也主要由黑河水补给，但大多数深层地下水 δD、$\delta^{18}O$ 比浅层地下水低。部分深层地下水样点与浅层地下水一样偏离 GMWL，反映深层地下水也受到一定程度的蒸发影响，这可能是与受蒸发作用影响较大的浅层地下水的混合有关。

古日乃、进素土海子地下水稳定同位素组成在 $\delta D—\delta^{18}O$ 关系图上显著远离黑河水，浅层地下水重同位素明显富集，埋深小于 10 m 的浅层地下水，$\delta^{18}O$ 和 δD 变化范围分别在 -3.91‰ ~ -2.85‰和 -52.9‰ ~ -47.9‰之间，其关系线大致与黑河同位素组成关系线平行。深层地下水同位素组成则明显相对偏负，如 6 号水样，$\delta^{18}O$ 和 δD 分别为 -4.52‰和 -58.1‰，反映了深层、浅层地下水所受蒸发强度的差异。

从额济纳旗城至东居延海，深层地下水存在 $\delta^{18}O$ 变小的趋势。如额济纳旗 33 号井 $\delta^{18}O$ 为 -6.78‰，向北离东居延海 8 km 的查干艾木(38 号)$\delta^{18}O$ 降低为 -7.8‰。

黑河居延海至中蒙边境深层地下水稳定同位素组成位于 $\delta D—\delta^{18}O$ 关系图左下角，明显低于现代水线，其中以稳定同位素组成 δD、$\delta^{18}O$ 范围分别在 -87.5‰ ~ -65.9‰和 -10.2‰ ~ -9.83‰之间，与现代黑河水稳定同位素差异较大，重同位素明显偏贫。

8.5.2 下游盆地地下水年龄

下游河流的 ^3H 值变化不大，在 26 ~ 29 TU 之间(2002 年 9 月)，而地下水 ^3H 值变化范围较大。

鼎新盆地含水层岩性透水性强，地表水入渗补给强烈，浅层地下水补给年龄新，^3H 值较大，CFC 表观年龄为 15 ~ 30 年；在 80 ~ 200 m 井深均检出有 ^3H、CFC，地下水 CFC 表观年龄为 40 年左右，指示鼎新盆地深层地下水也参与现代水循环，接受一定量现代水的补给。

额济纳盆地河流附近浅层地下水，由于受地表水入渗补给，^3H 值一般在 15 ~ 30 TU，CFC 表观年龄为 15 ~ 30 年；而远离河流的浅层地下水 ^3H 值较小，CFC 含量明显降低，如距离河流 10 km 左右戈壁的两个浅层地下水 ^3H 值仅为 7 TU 左右，而离河 27 km 的下勒可勒天然绿洲带地下水基本不含 ^3H，CFC 含量接近或低于检测限，地下水表观年龄为 47 年。在盆地中部两河之间戈壁滩也发现个别浅井层地下水中 CFC 较低，地下水的年龄较老。

盆地东南部古日乃浅层地下水具有较高的 ^3H 值和 CFC，在采集的 6 个样品中，4 个样品的 ^3H 值在 10 ~ 17 TU，CFC 表观年龄为 20 ~ 30 年，说明古日乃浅层地下水存在现代水补给。在古日乃唯一采集的深层地下水(井深大于 100 m)，其水中 ^3H 值仅为 0.42 TU，低于检测限。

河流附近深层地下水 ^3H 值一般小于浅层地下水，但盆地南部深层地下水与北部深层地下水有所不同。盆地南部如十号基地附近，深层地下水 ^3H、CFC 值也较高，80 m 深甚至更深地下水含有较高的 ^3H 值，一般大于 15 TU，地下水 CFC 表观年龄为 30 ~ 40 年，一些稍浅的深层地下水年龄甚至只有 20 ~ 30 年，与浅层地下水接近，这可能由于地下水的强烈开采引起深浅层地下水的混合。而在盆地靠北部，如额济纳旗城附近，深层地下水年龄明显比浅层地下水老，如额济纳旗城内一深井(100 m)，其 ^3H 值仅为 0.38 TU，CFC 含量较低，CFC 表观年龄大于 50 年。

河流两侧广大戈壁沙漠深层地下水一般具有非常小的^3H、CFC，如表 8-4 中 24 号水样，基本不含氚。距河 20 km 的黑城遗址旁 120 m 深井^3H 为 2.3 TU（接近检测限），基本不含 CFC，为大于 55 年的“老水”。

表 8-4　黑河下游 CFC 分析结果统计

序号	取样地点	取样日期（年-月）	深度（m）	浓度（pmole/kg）			距今年龄（年）		
				CFC－11	CFC－12	CFC－113	CFC－11	CFC－12	CFC－113
1	空军警卫连	2002-09	80	0.42	0.04	0.12	40	55	22
2	空军基地水源地	2002-09	200	0.52	0.25	0.03	39	42	>34
3	大树里 36 km 处	2002-09	80	4.19	2.09	0.52	18	17	M
4	92 号生活井	2002-09	120	0.41	0.21	0.06	40	43	26
5	赛苏木藏查干嘎查	2002-09	浅层	2.98	1.49	0.26	25	23	16
6	巴音宝格德村外	2002-09	浅层	3.24	1.81	0.2	23	19	18
7	古日乃	2002-09	10	1.64	0.87	0.12	31	31	22
8	东德布家	2002-09	130	0.48	0	0.09		>55	
9	张慧兰家	2002-09	30	0.89	0.25	0.07	36	42	26
10	Ⅱ6 观测井	2004-06	5	1.03	0.64	0.15	34	33	22
11	Ⅱ5 观测井	2004-06	5	1.92	1.05	0.13	29	27	23
12	牧民家	2004-06	浅层	3.57	1.62	0.26	18	19	17
13	Ⅱ3 观测井	2004-06	3.71	0.86	0.59	0.08	35	34	26
14	Ⅱ2 井旁的牧民家	2004-06	6.5	3.3	2.27	0.28	20	6	16
15	牧民家	2004-06	浅层	1.79	1.13	0.15	30	26	21
16	公路边灌溉井	2004-06	浅层	4.09	2.36	0.32	15	C	15
17	哈蜜瓜地	2004-06	浅层	3.23	3.74	0.3	20	C	16
18	额旗农场 2 号井	2004-06	120	0.87	0.93	0.07	35	29	27
19	农场五连	2004-06	120	0.05	0.1	0	50	48	>34
20	王爷府	2002-09	55	2.09	0.72	0.13	27	31	22
21	龙子河牧民家	2004-06	浅层	1.45	2.14	0.23	31	12	18
22	Ⅲ4 号观测井	2004-06	12	1.48	0.97	0.15	31	28	22
23	黑城遗址	2004-06	120	0.02	0	0	53	>55	>34
24	纳林乌苏	2004-06	50	0.86	0.54	0.09	35	34	25
25	库荣陶勒盖	2004-06	2.5	0.66	0.57	0.06	37	34	27
26	下勒可乐	2004-06	3.5	0.11	0.11	0.01	47	47	>34
27	哈勒吉克特牧民家	2004-06		0.22	0.15	0.03	43	45	>34

续表 8-4

序号	取样地点	取样日期（年-月）	深度（m）	浓度（pmole/kg）			距今年龄（年）		
				CFC－11	CFC－12	CFC－113	CFC－11	CFC－12	CFC－113
28	石头疙瘩	2004-06	0.3	0.83	1.17	0.06	35	26	27
29	伊贡傲土	2004-06	13	0.2	0.2	0.02	43	42	>34
30	戈壁滩工地	2004-06	浅层	0.91	1.33	0.09	35	23	25
31	防空堡	2004-06	浅层	0.94	1.3	0.14	35	24	22
32	额旗水利工作队	2004-06	100	0.05	0.06	0.01	50	51	>34
33	自流井 2 号	2004-06	泉水	0.57	0.27	0.04	38	40	29
34	自流井 4 号	2004-06	泉水	0.16	0.08	0.01	45	49	>34
35	居延海自流井	2002-09	泉水	0.05	0	0.01	>50	>55	>34
36	边防口岸	2004-06	110	0.3	0.14	0.03	41	45	>34
37	国门	2004-06	150	0.01	0	0	>55	>55	>34

从额济纳旗至居延海深层地下水大多不含^{3}H，如离居延海 8 km 的 38 号井^{3}H 值仅 0.93 TU，低于检测限。

东西居延海至中蒙边境，采样主要为深层水，东西居延海间深层井为自流井，这些地下水的^{3}H 值一般较低。靠北部的^{3}H 值在 2 TU 左右，邻近西居延海 3 个自流井 2004 年 6 月取样发现含有较高的^{3}H，在 10 TU 左右。

东、西居延海至中蒙边境深层地下水的 CFC 含量也较低，2002 年 9 月在东居延海一自流井（骆驼泉）取样，分析结果显示 CFC－12 和 CFC－113 都未检测到，确定为无 CFC 的地下水，即地下水为年龄大于 55 年的“老水”。西居延海 3 个自流井在 2004 年 6 月的取样中均检测出含量稍高的 CFC，地下水 CFC 表观年龄在 30～50 年，CFC 数据显示有现代水的混入。该区域地下水^{14}C 年龄（未校正）只有（3 110±450）年[9]。

在居延海以北的深层地下水 CFC 含量很低，地下水 CFC 表观年龄都大于 40 年，其中国门一 150 m 深井 CFC 含量均低于检测限，地下水年龄为大于 55 年的“老水”。

额济纳盆地北部深层地下水的^{14}C 年龄为 5 486～8 630 年（校正后）[46]，说明深层地下水更新能力很差。

8.6　水循环特征分析

根据前面水化学、环境同位素分布特征的分析，不同地区、不同水文地质单元，其水化学、同位素组成具有明显不同的特征，表明下游地下水具有不同的埋藏条件、补给条件和循环机制等。

8.6.1　黑河沿岸地下水

黑河下游整个河段地表水与地下水转化关系基本是地表水入渗转化为地下水的单一模式。南部是地下水的主要补给带，地表水在盆地南部入渗补给地下水，地下水自南向北流动，潜水在多层含水层区流向承压含水层，并向居延海汇流，从地质条件分析，居延海应为盆地深层地下水的排泄区。

从水化学、同位素分布特征看，黑河沿岸浅层地下水与河水具有相似的水化学、同位素特征，说明河流附近浅层地下水含水层与地表水联系密切，浅层地下水接受河水补给。高^{3}H 值和 CFC 年龄显示浅层地下水为近 20 ~ 30 年以内形成的现代水。而浅层地下水特别是河流两侧（10 km 内）的戈壁地下水其稳定同位素组成相对于河水同位素组成，重同位素富集，在 δD—δ^{18}O 关系图上向右偏，说明浅层地下水在其转化过程以及其后的径流过程中，又再度经受蒸发，使地下水的重同位素进一步富集，其稳定同位素组成有别于其补给水源——河水，同时河流两侧戈壁浅层地下水^{3}H 远小于河流和河流附近浅层地下水的^{3}H，CFC 表观年龄较老，说明地下水随运移途程的增大，地下水年龄逐渐变老。

在狼心山至额济纳旗间东、西河之间，部分浅层地下水，*TDS* 低，重同位素 δD、δ^{18}O 较贫，^{3}H 值较低，说明存在深部较老地下水的越流补给。根据地质部门勘察，在靠近东西河之间，存在隐伏断层，因此推测深层地下水可能通过断层带越流补给浅层地下水。

盆地南部河流附近，深层地下水稳定同位素组成与浅层地下水 δD—δ^{18}O 关系图上位于同一区域，说明其补给来源相同，都来自黑河水的补给。南部卫星基地中心区域深层地下水样点与浅层地下水一样偏离 GMWL，位于蒸发线附近，同时具有较高的氚值，如表 8-3 中 6 号、10 号水样，氚值在 15 TU 左右，反映深层地下水与现代水存在密切的水力联系，现代水的循环深度超过 100 m。而离河稍远的深层地下水则有所不同，如表 8-3 中 25 号水样，该采样点距离河流 10 km 左右，该深层地下水中基本不含氚，属于“老水”，没有现代水的补给，矿化度也明显比基地中心区域深层地下水低，因此基地中心深层地下水与现代水的密切联系可能是由于地下水开采而引起的混合作用。

盆地北部含水层为潜水－承压水多层含水层结构，含水层岩性主要为中细砂、粉砂和粉细砂。从稳定同位素组成分析，深层地下水大多与浅层地下水接近，但氚值、CFC 含量与浅层地下水相比，明显偏小，水中氚值一般小于 10 TU，CFC 表观年龄大于 50 年，说明深层地下水补给来源与浅层地下水相同，但形成年代较早。同时发现一些深层地下水氚值大小与 *EC* 成反比关系，如表 8-3 中 34 号水样，其位于额济纳旗城，井深 100 m，*EC* 为 1 130 μs/cm，氚值仅为 0.4 TU，而 17、20 号水样，分别来自 115 m、130 m 深井（生产井），它们的 *EC* 均大于 2 000 μs/cm，氚值也均为 15 TU，这些井中 *TDS* 的增加显然并非蒸发浓缩作用所致，反映高 *EC* 深层地下水与上覆浅层地下水发生混合作用，可见这些深层地下水与浅层地下水存在一定水力联系，这种水力联系是由于地下水开采造成浅层新水与深层老水的混合。

额济纳旗城至居延海深层地下水，基本不含氚，地下水年龄“老”，矿化度增大，稳定同位素有变贫的趋势，反映深层地下水自南向北向居延海运动，在居延海附近与其北部地下水来水存在混合作用。

黑河下游地表水与地下水转化关系主要表现为地表水入渗补给地下水，下游地表水与地下水转化关系和循环可用图 8-12 表示。

8.6.2　古日乃区域地下水

古日乃区域位于盆地东南部，其东南部为巴丹吉林沙漠，西部经戈壁与冲洪积倾斜平

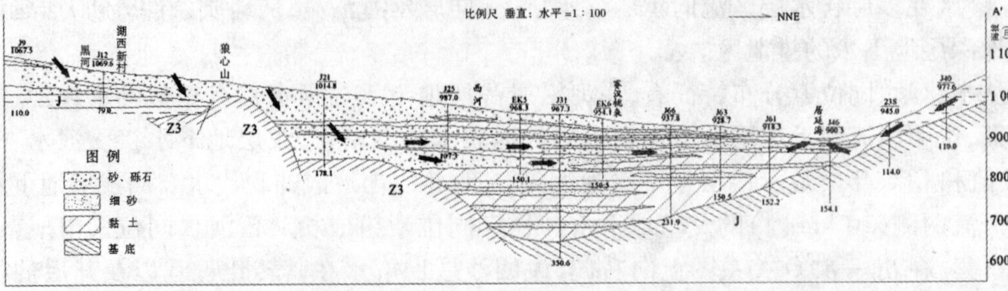

图 8-12　黑河下游地表水与地下水转换关系及循环示意图

原相连。古日乃植被主要为梭梭林、红柳林及芦苇。古日乃草原为地质时期退缩干湖盆[52]，面积约 3 000 km^2，高程 1 000～1 050 m，年降水量 50 mm，含水层为第四纪下降运动沉积的巨厚冲、湖积地层，含水层岩性主要由不同时期的冲、湖积形成的中细砂、粉砂、及黏土、亚黏土所组成，在 40～70 m 处有隔水顶板存在，上部为潜水，下部为承压水的多层结构[8]。

古日乃、进素土海子地区地下水埋深较浅，一般小于 3 m，低洼处泉水出露。潜水 *TDS* 一般不高，*EC* 在 1 200～2 240 μs/cm 之间，水化学类型主要为 $Cl-HCO_3-Na$ 型水。

古日乃地下水 $\delta D-\delta^{18}O$ 关系线大致平行且显著偏离黑河水 $\delta D—\delta^{18}O$ 关系线，反映出该区域地下水在形成过程中受到强烈蒸发。其氘过量参数 $d(d=\delta D-8\delta^{18}O)$ 平均为 −23‰，与黑河河水的 d 值（+12‰）差异较大，说明其补给来源并非来自黑河。

古日乃浅层地下水 ^3H 值和 CFC 含量较高，^3H 值在 10 TU 左右，CFC 表观年龄为 20～30 年，说明浅层地下水存在现代水补给。而深层地下水年龄较老，在古日乃一深层地下水（表 8-3 中 9 号水样，据调查，井深大于 100 m），其 ^3H 值仅为 0.42 TU，说明其形成年代较早，基本不参与现代水循环，深层地下水同样显示强烈的蒸发作用。

关于古日乃地下水来源，目前有多种不同观点：

一是认为黑河对古日乃地下水有较大贡献[9,53]。其依据是根据探测资料，在哨马营

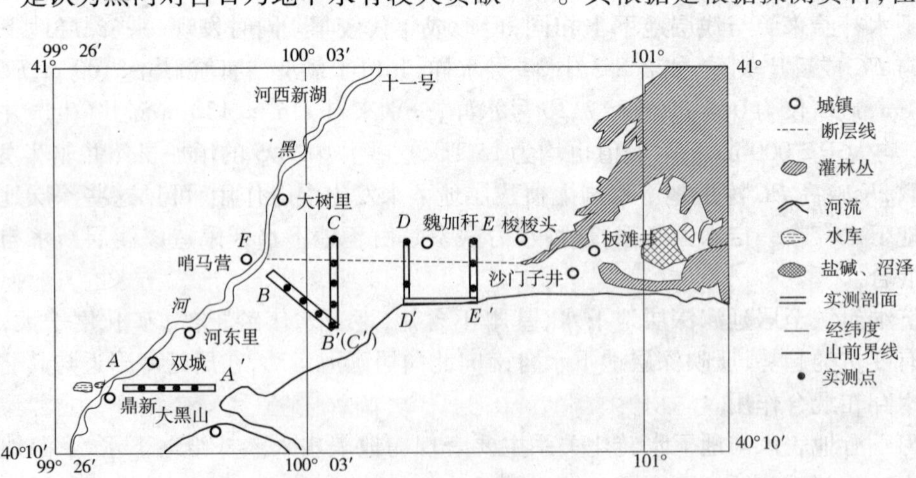

图 8-13　哨马营至古日乃推测古河道位置（仵彦卿，2000）

至古日乃，存在一地堑式断层，见图 8-13。该断层带分布有黑河古河道，据此认为在哨马营以南河段河水入渗补给地下水，然后沿古河道向东径流，补给古日乃地下水，维持古日乃湖盆绿洲。并认为古日乃生态环境恶化原因是由于黑河来水减少导致补给古日乃绿洲的地下水减少。

但根据已有古日乃地下水同位素组成（在黑河至古日乃间为戈壁沙漠，无法取到地下水样品），并不支持这种说法。从古日乃和黑河附近地下水 CFC 年龄分布上看，靠近河边的多数地下水年龄为 15 ~ 30 年，而古日乃浅层地下水的年龄也为 20 ~ 30 年，两者相距 120 km，地下水运移速度非常缓慢，显然无法解释古日乃浅层地下水补给年龄新的问题。同时，野外地质调查显示，古日乃以西的戈壁滩区地下水埋深大，地下水蒸发作用微弱，也无法解释古日乃深层地下水受到强烈蒸发的原因。因此，同位素和水化学数据反映古日乃地下水与现代黑河地表水不存在明显的水力联系。

二是近年来有一种“新”观点[54,55]，认为古日乃地下水是来自祁连山冰雪融水通过深大断裂和喀斯特溶洞直接补给巴丹吉林沙漠地下水和黑河下游额济纳盆地，且地下河补给速率非常快，地下水补给年龄仅为 20 ~ 30 年。根据现有地质钻孔资料，在巴丹吉林沙漠地下水和下游额济纳盆地没有发现存在大规模喀斯特溶洞的地质证据，根据同位素、水化学数据，古日乃深层地下水年龄显示为历史时期形成的“老水”，而并非循环较快的“新水”。因此，古日乃地下水是来自祁连山冰雪融水通过喀斯特溶洞直接补给的观点缺乏可靠的科学依据。

从水文地质条件和水化学分析，古日乃、进素土海子应是巴丹吉林沙漠区域地下水的排泄区，同时古日乃一带地下水稳定同位素与邻近巴丹吉林沙漠地下水相同或近似，证明古日乃、进素土海子地下水主要来自巴丹吉林沙漠地下水的侧渗补给，由巴丹吉林—古日乃—进素土海子。同时根据古日乃地下水补给年龄分析，浅层地下水存在现代水补给，而深层地下水不参与现代水循环，属历史时期形成的“老水”，可推测出古日乃地下水应该是由“新水”和“老水”组成的，“新水”是由当地或邻近区域现代降水或凝结水补给形成的，均在形成和径流过程中受到强烈蒸发；“老水”是地质历史时期降水形成的。浅层地下水由现代降水和深层“老水”越流混合补给的，其中“老水”的比例要远大于“新水”；而深层地下水主要来自巴丹吉林沙漠地下水的侧渗补给。

关于降水补给问题，巴丹吉林降水量非常小，只有 40 ~ 100 mm，而蒸发量大于 3 000 mm，据此有人认为降水不可能对地下水有补给作用，但这种观点没有考虑巴丹吉林沙漠的气候演变，同时也忽略了降水强度的作用，在沙漠地区降水能否对地下水补给，决定于次降水的强度。在沙漠降水常常是以“阵雨”或集中降雪形式出现的，这种形式对地下水是有一定补给作用的，虽然补给量较小，但古日乃区域地势低洼，便于地下水的汇集。

关于古日乃绿洲生态环境退化的原因，据作者调查，除了气候变化外，主要是人为因素所致。自 20 世纪 50 年代末期卫星基地建成后，由于基地燃料供给不足，大量砍伐古日乃地区植被如梭梭林木等作为生活用燃料，对该区域生态环境影响巨大，同时植被的破坏，导致地下水蒸发量增大，地下水位下降，进一步加剧了生态环境的退化。

8.6.3　居延海至中蒙边境地下水

居延海至中蒙边境，含水层主要以冲、洪积物为主，其中东西居延海地势处于额济纳盆地的最低处，含水层主要由河流冲积、湖洪积物等组成，由于地势较低，东西居延海间深层地下水为承压自流水，水头高出地面，但自 20 世纪 90 年代以来自流井水头和流量呈现衰减趋势，见图 8-14，说明深层地下水补给条件较差。

图 8-14　西居延海自流井（摄于 2004 年 6 月）

该区域深层地下水稳定同位素组成显著贫重同位素，δD 和 δ^{18}O 平均为 −75.5‰和 −10.24‰，与现代黑河地表水稳定同位素 δD 为 −42.7‰，δ^{18}O 为 −6.85‰明显不同，同时与盆地居延海以南深层地下水也不同，显著贫重同位素，指示该区域地下水主要是在较寒冷的气候条件下形成的，并非来自现代黑河水的补给。

这些深层地下水的氚、CFC 表观年龄大于 50 年，都说明该区域地下水年龄较老，是形成于地质历史时期的“老水”。取自 2004 年 6 月西居延海自流井中水样中发现有一定含量氚和 CFC，证明有现代水的补给，但根据武选民于 1996 年 10 月在该自流井取样，其氚值非常低，仅 0.69 TU，这说明自流井氚和 CFC 含量的增大可能是由于黑河调水后，有大量地表水补充东居延海，2003 年西居延海也进水，因此地表水对居延海浅层地下水有一定补给作用，深部地下水在上升过程中与浅层地下水混合，使水中混合有一定比例的现代水，从而使水中氚、CFC 含量增大。

该区域深层地下水 *TDS* 较高，自北部中蒙边境至居延海，*EC* 有逐渐增高趋势，从 1 700 μs/cm增加到 2 650 μs/cm，水化学类型由中蒙边境的 SO_4 − Cl − Na − Ca 型变为居延海的 SO_4 − Cl − Na 型，反映深层承压水补给条件较差，水循环速度十分缓慢，并自北向居延海方向运动。

该区域深层承压水具有相似的水化学特征，高矿化度、地下水年龄老，与南部深层地下水差异较大，可推测该区域地下水主要来自北部蒙古高原的地下水侧向补给。

居延海南部深层地下水重同位素偏富，北部地下水偏贫，如果居延海是南北深层地下水的汇合区,则东西居延海同位素组成应介于两者之间,但居延海同位素组成没有发生明显的变化,由此判断,居延海并不是南北深层承压水的汇合处,而应在居延海的南部,但由于居延海南部附近缺乏合适的深层地下水采样点,具体汇合处有待进一步研究。

8.7　流域循环模式

根据前面分析,可以归纳出整个流域水循环模式。上游山区地下水接受降水、冰雪融水的补给,在出山口,由于出山阻水构造山区绝大部分地下水以泉水的形式排泄于河谷,汇入河流,最终以地表水的形式进入中游盆地。出山后,在中游山前冲洪积扇带由于河床及以下岩性渗透性强,地表水大量入渗补给地下水,为中游盆地地下水的主要补给来源;在洪积扇前缘溢出带由于含水层岩性变细,渗透性的减弱和基岩隆起,地下水受阻以泉水形式出露形成泉沟流向河流;在细土平原灌区地下水大量接受地表灌溉水的入渗补给,灌溉水为中游地下水的重要补给源,在细土带的河床,河流切割含水层,且河水位低于地下水位而成为地下水排泄的天然通道,在河流出口(正义峡)处基岩裸露,致使盆地第四系孔隙水大量溢出而转化为河水,以地表水形式流向下游;在下游转换模式比较单一,为地表水入渗转化为地下水,最后地下水消耗于蒸散发。

黑河水循环过程可用图8-15表示。

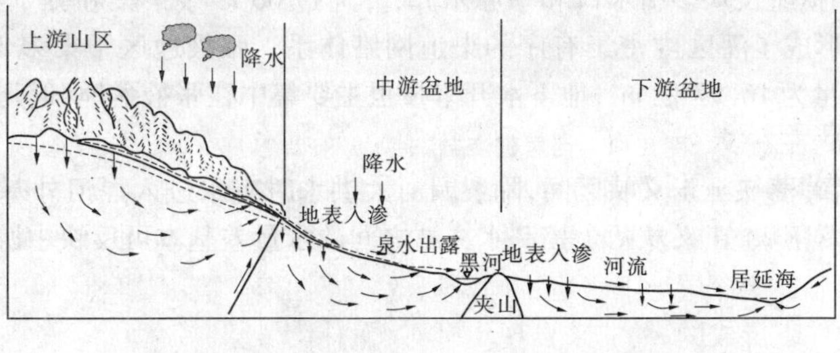

图8-15　黑河流域地表水与地下水循环示意图

第 9 章　黑河流域水循环变化及影响分析

根据前面研究,黑河流域地表水与地下水关系密切,转换频繁。但近几十年来,在黑河流域,大规模修建水利工程、引用地表水和开采地下水等人类活动改变了流域天然水循环状态,流域地表水与地下水之间的转化关系和强度,因受到人为因素的强烈干扰而发生了较大变化,区域水循环模式已演变为天然—人工二元水循环模式。人类活动对天然条件下的转化过程进行了强烈的干预和限制,减少了参与天然转化过程的水量,主要转化场所由原始河床变为灌溉渠系和田间耕地,增加了转化层次,水循环的变化也对区域环境产生了巨大的影响。

9.1　黑河中游

9.1.1　中游水资源耗用变化分析

黑河干流的灌区与水资源利用主要集中在中游张掖盆地,干流上无骨干控制工程,仅有草滩庄水利枢纽及众多引水口和平原水库,并通过 60 多条干渠和分干渠由干流向 20 个灌区引水,形成了灌区内密集有序的渠道网络体系。张掖地区干渠多年(1981 ~ 2000 年)平均引水量为 16.57 亿 m^3,地下水开采量也主要集中在张掖盆地,近几年地下水开采量达到 3 亿 m^3 左右。

黑河干流莺落峡至正义峡区间,除梨园河大洪水时有水进入黑河外基本无区间径流加入。因此,莺落峡、正义峡两个控制水文站之间的水量差基本可反映中游耗水量的变化(见图 9-1)。

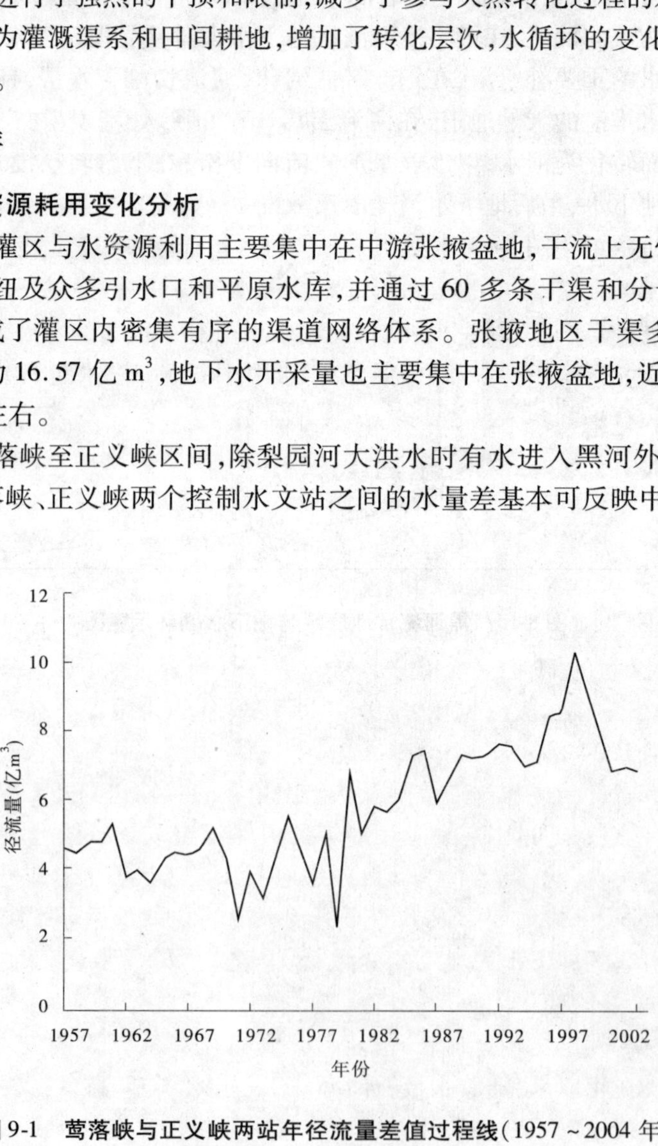

图 9-1　莺落峡与正义峡两站年径流量差值过程线(1957 ~ 2004 年)

从图 9-1 可看出，1980 年以前，两站年径流差较小，年均仅为 3.8 亿 m^3，1980 年后，径流差开始逐渐增大，80 年代增加到 6.5 亿 m^3，90 年代则上升到 8.1 亿 m^3，由于中游用水量的激增，致使进入下游盆地的水量急剧减少，给下游生态环境带来了严重问题[56-60]。

针对日益严峻的黑河流域生态系统恶化局面和日益突出的水事矛盾，水利部组织编制《黑河流域近期治理规划》，2001 年 8 月国务院批复同意，黑河近期分水方案为，在莺落峡多年平均来水量为 15.8 亿 m^3 条件下，正义峡下泄量达到 9.5 亿 m^3。黑河干流水量调度于 2000 年开始，流域开展了综合治理，实施了黑河水资源水量统一调度，中游耗水量有所减少，径流差增大的趋势得到控制，2001 ~ 2004 年径流差降低为 7.27 亿 m^3。

9.1.2　地下水补给量变化

近几十年来，黑河干流开展了大规模的水利化建设，先后在干流和各支流出山口建成了一大批蓄、引水工程，同时进行了干支渠的高标准防渗衬砌。蓄、引水工程几乎全部控制了河川出山径流量，从而使出山河水的分配发生了显著改变。在造就了高效、集约化的绿洲经济的同时，也使水资源的利用、分布格局发生了重大变化。

干支斗渠防渗衬砌标准的提高，使渠系利用率发生了较大变化。20 世纪 60 年代渠道有干砌卵石渠、浆砌卵石渠、混凝土渠和未衬砌的天然卵石渠、土渠，南部山前平原以干砌卵石渠为主，北部平原以土渠为主。70 年代到 80 年代中期是流域灌溉面积发展最快的时期，水资源利用程度进一步提高，干渠和支渠采用浆砌卵石渠，部分支渠和斗渠采用混凝土渠和浆砌卵石渠。90 年代以后到目前输水渠道有了很大的发展，输水渠道以防渗的浆砌卵石渠和现浇混凝土渠为主，渠系水利用率提高，输水过程中渗漏损失明显减小[61,62]。

黑河干流中游地下水主要接受出山河水及渠道引灌水的垂向入渗补给，其入渗量占地下水总补给量的 85% 以上。在山前地下水补给带兴建水利工程拦蓄、引用地表水，进行高标准渠系衬砌提高渠系利用率，这些人类活动大大改变了天然入渗条件，直接影响了地下水补给，使地下水补给量大幅减少。

据丁宏伟统计，黑河干流地下水补给量由 1980 年的 17.36 亿 m^3 减少到 1999 年的 15.59 亿 m^3，减少量为 1.77 亿 m^3，减少了 10.2%。并研究证实，地下水总补给量每减少 1.0 亿 m^3，泉水溢出量将相应减少 0.7 亿 m^3，即 1980 年以来因地下水总补给量减少使泉水资源年均衰减了 1.24 亿 m^3。

在山前地表水通过高标准衬砌渠渠系从出山口下直接输送到人工绿洲——灌区。其产生的结果，一是地表水通过山前冲洪积扇带的天然河道入渗补给地下水的数量大幅度减少，地下水主要补给区北移至细土平原；二是地下水天然状态下形成的山前—泉水带的区域水循环系统减弱，逐步演变为细土平原—泉水带的局部水循环系统。这种水循环系统的改变和由此引起的地下水力坡度的变缓，是中游泉水量逐步衰减的主要原因[63,64]。

9.1.3　地下水开采量的变化

中游地下水的开发历史源远流长，但较大规模的开采始于 20 世纪 70 年代初。80 年代以后，特别是近 10 年以来，随着张掖石岗墩滩、民乐六坝滩、高台骆驼城移民开发区等一批纯井灌区灌溉规模的不断扩大和以地下水为主要供水水源的工业开采量的直线上升及人类活动的加剧，黑河干流近 10 年机井及其配套工程建设得到了较大的发展，开采井主要分布在细土平原的各灌区，据统计，2000 年地下水开采量达到 2.6 亿 m^3 左右，见图 9-2。据研究分析[52]，每增加 1.0 亿 m^3 的地下水开采量，泉水量将减少 0.63 亿 m^3，即 1980 年以来因地下水开采量的增加使泉水资源年均衰减了 0.92 亿 m^3。

自 2000 年黑河实施调水以来，由于调水期间 7 ~ 10 月份对地表水利用的限制，使地表水利用量减少，但相应地下水开采量大增，到 2003 年达到 3 亿 m^3 左右（见图 9-2），地下水开采量的增大，加剧了地下水水位的下降，部分井灌区形成了区域性的地下水漏斗。

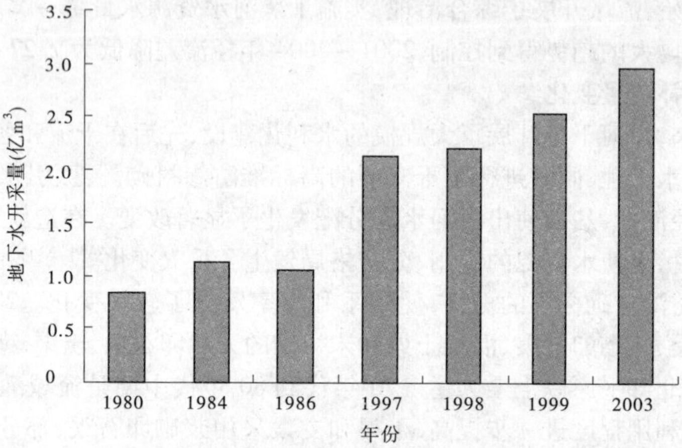

图 9-2　黑河中游（干流）地下水开采量

9.1.4　地下水水位持续下降

由于上中游渠道高标准衬砌和河道渠网化，渠系利用率的提高，地下水补给量的减少和地下水开采量的增加，参与水循环的水资源量大幅减少，黑河干流中游的地下水水位多年来呈总体下降趋势。

中游地下水水位的发展态势具有明显的规律性，山前冲洪积扇带是地下水水位快速下降区（见图 9-3），黑河排泄河段及泉群附近是缓慢下降区，近年来新增地下水集中开采区也是快速下降区。

山前倾斜平原和张掖市东部的碱滩一带下降速率大，一般超过 1 m/年，为中游下降幅度最大地区。张掖市东南部的广大地区以及骆驼城一带，以开采地下水灌溉为主，地下水位明显下降。张掖至临泽间平原灌区，以引地表水灌溉为主，地下水开采量不大，加上天然的降雨入渗补给和蒸发排泄，地下水位在诸多因素影响下，呈缓慢下降的态势。高台—临泽一带以及黑河沿线细土平原地下水有下降趋势（见图 9-4），但保持水位相对稳定，年均降幅不足 0.1 m。

在黑河沿线的罗城、平川以及盐池一带，部分地下水有所抬升，上升幅度年均 0.1 ~ 0.15m。这里地势低洼，人工开采地下水水量和蒸发量之和小于大气降雨补给入渗和侧向径流补给量之和，地下水位抬升。

总之，区域地下水位降幅最大的地区主要发生在地下水开采量小、河渠水入渗补给量大的山前倾斜平原和以井灌为主的细土平原南部灌区，这说明引起区域地下水位下降的主要原因不仅仅是由于地下水的过量开采，河渠水入渗量减少引起地下水补给量不足也

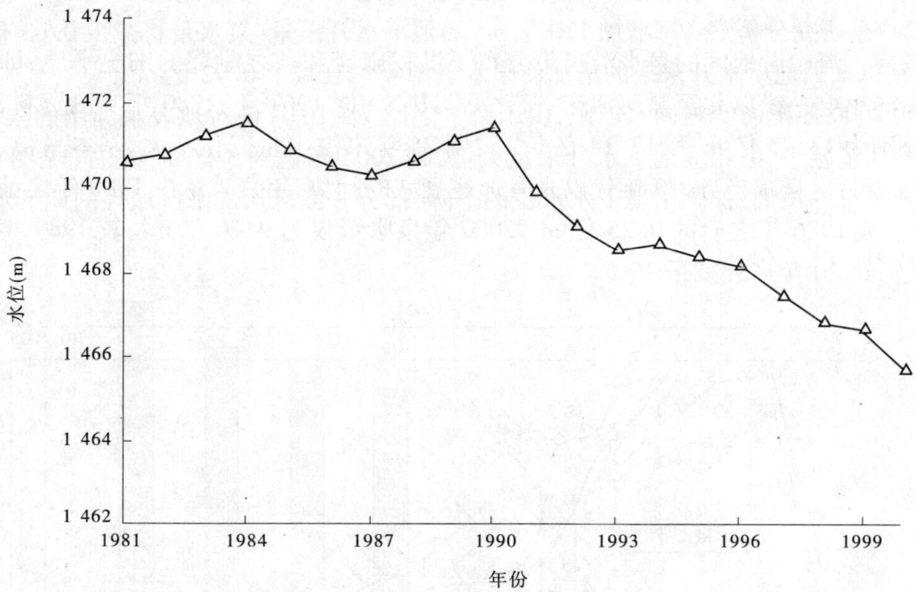

图 9-3　山前王其闸地下水水位下降趋势

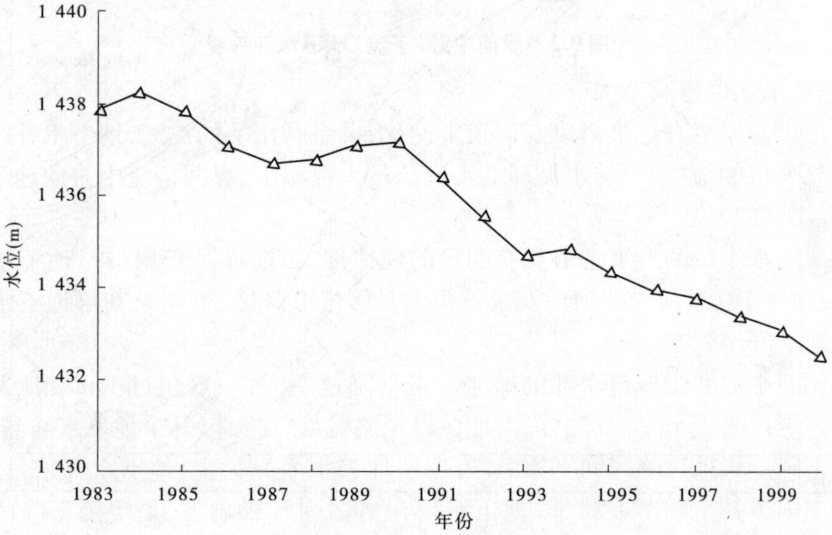

图 9-4　临泽小河乡地下水水位下降趋势

是主要因素。

9.1.5　泉水衰减

泉水是黑河流域水资源系统循环的重要环节，也是研究人类活动对流域水循环影响的重要依据。

黑河地下水溢出发生在中游细土平原地区，地下水溢出的形式主要是泉水和泄流。泉水主要集中于细土平原的中下部，泄流则分布在张掖大桥至正义峡的黑河与山丹河的沿岸地带，是中游地区地下水的主要排泄方式之一。

中游水利化程度提高,引水量增加,渠系衬砌率提高,以及地下水开采量的增加,使中游泉水溢出量呈减少趋势。

黑河干流中游地区的泉水溢出带分布于洪积扇缘和与之毗邻的细土平原,即张掖乌江—临泽小屯一线以北至黑河河床一带,见图9-5。据1967年、1980年实测资料,泉水溢出量分别为13.75亿m^3和13.14亿m^3,说明24年来溢出量变化不大,基本呈稳定状态,1980年以后呈衰减趋势,90年代以来有加速衰减的趋势,年衰减量由1986年之前的0.16亿m^3变成1986年之后的0.25亿m^3,2000年泉水量仅为9.76亿m^3,较1980年减少了3.38亿m^3,20年来衰减了26%。

图9-5　黑河中游泉水溢出带(据丁宏伟,2001)[61]

地下水溢出量(泉水流量)衰减及区域地下水位持续下降的原因是一致的,主要是多年来地下水补给量的持续性减少。地下水溢出量的减少,使泉水灌区不得不开采地下水来弥补灌溉水源的不足,造成地下水储存量消耗,20世纪90年代开采量的急剧增大加剧了泉水的衰减速度,形成恶性循环;也导致了溢出带的水生植物变成了旱生植物、沼泽变成了盐碱地,产生了植被退化和土地沙化等一系列生态环境问题,也使汇入河流的水量减少。

由于地下水位下降,泉水出露高程降低,溢出带下移,导致原泉水灌区地下水开采量增加,井灌区进一步扩大。

9.1.6　地下水排泄方式的变化

在中游盆地,天然条件下,地下水排泄主要通过泉水溢出排泄到河流和蒸发两种途径。随着地下水补给量的减少和地下水开采量的增加,导致地下水水位下降、泉水出流量大幅衰减,天然地下水排泄方式减弱,人工排泄也成为中游地下水排泄的一种主要方式。

9.1.7　上中游水利工程规划建设对中游水循环的影响预估

根据《黑河流域近期治理规划》,拟在黑河干流上游修建黄藏寺水库,中游进行引水口门合并和渠系调整,渠系衬砌与建筑物工程改造,并在中游出境口修建正义峡水库等。黑河流域近期治理规划如图9-6所示。

9.1.7.1　黄藏寺水库

黄藏寺水利枢纽拟建于青海省祁连县境内的黑河干流上,坝址在黑河东西两岔汇合后的峡谷入口段以下1 km处,左岸为甘肃省肃南县,右岸为青海省祁连县,坝址控制流域面积7 648 km^2,年径流量12.4亿m^3,多年平均流量39.3 m^3/s。黄藏寺水库工程主要作用为调节径流,开发任务为灌溉、发电。

规划中的黄藏寺水库总库容4.44亿m^3,死库容为0.56亿m^3,相应的死水位2 580 m(大沽高程)。调节库为3.51亿m^3,相应水位2 630.3 m,正常蓄水位2 630.3 m,回水不影响祁连县城。水库在汛期调蓄径流,汛限水位采用正常蓄水位,水库设计洪水位2 630.7 m,校核洪水位为2 633.4 m,相应调洪库容为0.37亿m^3。从中下游灌区节水改造和黑河水量调度考虑,规划黄藏寺水库在2010年前开工建设,2012年左右建成生效,将在黑河水资源开发利用、合理配置、调度管理等方面发挥重要作用。

黄藏寺水利枢纽在黑河水量调度中具有重要的作用,该库可有效调节水资源,改善中游地区引水条件,促进灌区节水改造等,适时向中下游供水,解决中下游春夏灌溉卡脖子旱,可替代中游大部分平原水库,减少蒸发渗漏损失。

但输水方式主要采取集中下泄的方式,快速向经过整治的中下游河道输水,减少输水过程的损失。因此,将使经黑河河床循环转化的水量大为减少,对地下水的补给不利,可能进一步减少中游地下水的补给量,加剧中游地下水水位的下降和泉水量的衰竭。

9.1.7.2　正义峡水库

正义峡坝址位于甘肃省高台县罗城乡境内正义峡峡谷入口以下2 km处,距高台县城68 km,坝址以上控制流域面积3.56万km^2,多年平均径流量为9.5亿m^3。

正义峡库区地形开阔平坦,河槽宽1 km,最宽处1.5 km,河道纵坡1‰,河流两岸可见到Ⅰ~Ⅳ级阶地及河漫滩,村庄、耕地均分布于Ⅰ级阶地。库周边分水岭宽厚,由基岩组成,邻谷相距遥远,没有导致库水外渗的大断裂通道,两岸地下水位高出库水位,无永久渗漏问题。坝址上游4 km以内有足量的土料、砂砾料及石料分布,开采方便,交通便利。

根据《黑河正义峡水利枢纽规模比选报告》分析,正义峡坝址蒸发量较大,当库容为1.5亿~2.55亿m^3时,年蒸发渗漏损失量为0.38亿~0.48亿m^3。库区有一定的移民问题,最大库容方案(3.5亿m^3)时淹没区人口7 135人,耕地1.85万亩。在库容1.0亿m^3和1.5亿m^3淹没区人口、耕地数量差别不大,在库容2.0亿m^3时,淹没区人口、耕地数量发生显著变化。根据规划,正义峡水库调节库容上限以不超过2亿m^3。

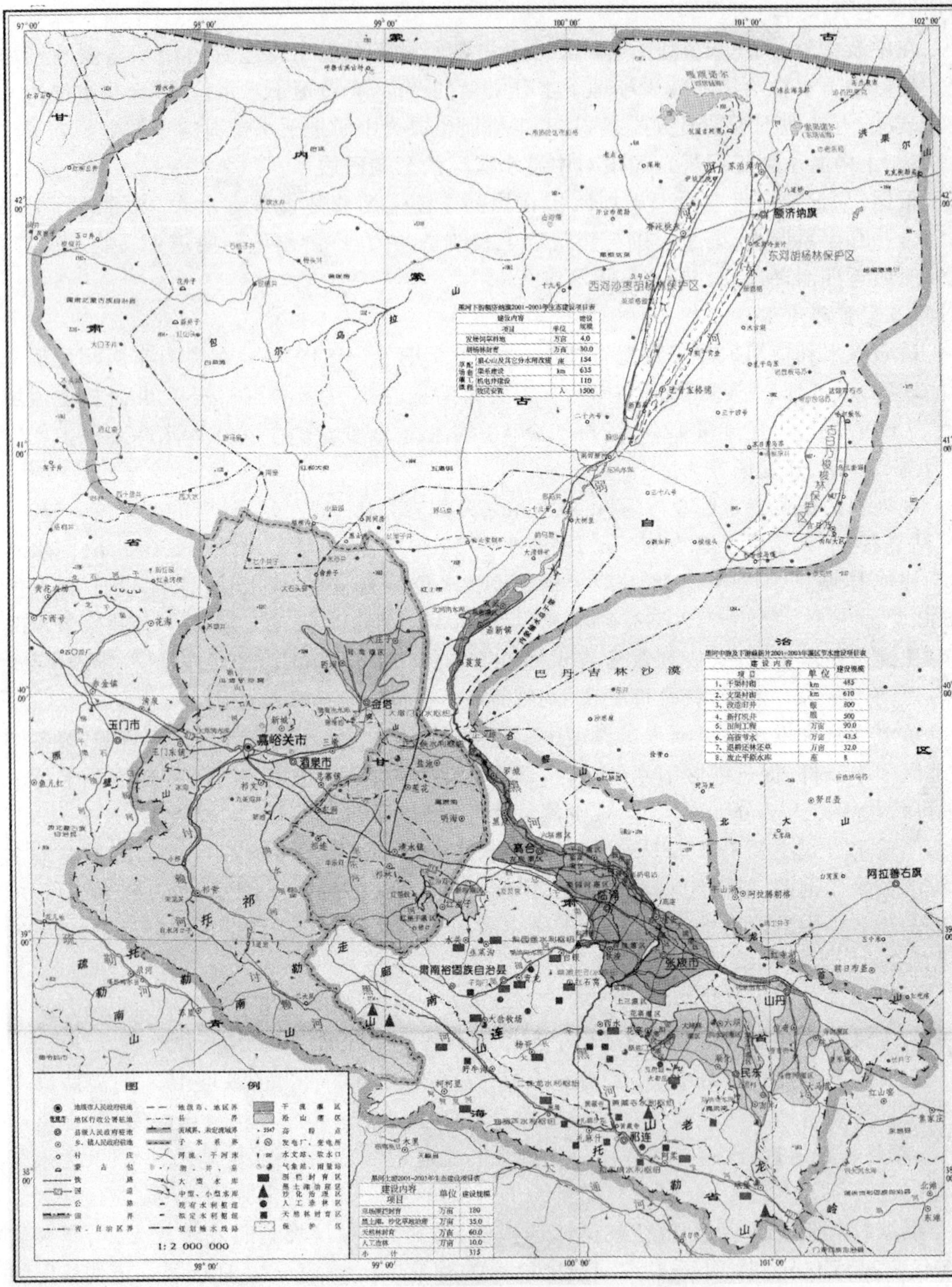

图 9-6　黑河流域近期治理规划图

正义峡水库的兴建,将为合理配置和有效调节进入下游的水量,提高下游输水保证率,对黑河调水维护和修复下游绿洲生态环境具有重要的作用。

但水库修建也存在许多弊端,如淹没大片耕地,需大量移民,投资大。从水资源角度来说,存在较大的蒸发损失,这对于水资源紧缺的黑河来说是不可忽视的。同时,根据黑河中游水资源条件,达到正常蓄水库容也是比较困难的,同时上游黄藏寺水库的运用可满足大部分正义峡水库的调节作用,因此正义峡水库是否建设应进一步论证。

9.2 黑河下游

黑河下游盆地气候极为干旱,年均降水量不到50 mm,大部分地区为戈壁沙漠。生态环境极为脆弱,黑河来水维持下游天然绿洲的生存。

9.2.1 水资源开发利用

黑河下游人类活动影响相对较少,用水量较小。历史上讨赖河与黑河在下游鼎新镇附近交汇,汇入黑河下游,1947 年在讨赖河修建鸳鸯池水库,后经加高大坝(蓄水量达0.63 亿 m^3)及修建解放村水库(0.39 亿 m^3),使讨赖河在50 年代末就无水汇入黑河干流,讨赖河与黑河没有地表水联系,仅地下水与下游地下水存在微弱联系。

狼心山以上用水区域主要有鼎新灌区和东风场区。鼎新灌区现状地表水引水量(1999 年)1.3 亿 m^3,开采量0.16 亿 m^3。该盆地地势平坦,加上地下水开采数量小,大部分地段地下水位埋深小于5m,蒸发量高达1.61 亿 m^3,成为“补给-蒸发型”盆地,要想改变这种水循环的重要途径就是要大量开采和利用盆地地下水。

东风场区即著名的酒泉卫星发射基地,现状用水量为1.2 亿 m^3,其中地下水开采量近1 亿 m^3,引水量0.21 亿 m^3,水资源利用以地下水为主。由于大量开采地下水,地下水位大幅下降,已形成范围较大的地下水降落漏斗。图9-7 为基地依赖开采地下水维持的人工绿洲。

图9-7 基地依赖开采地下水维持的人工绿洲

狼心山以下水量基本用于天然绿洲的生态用水，2000 ~ 2004 年狼心山断面实测径流量平均为 4.1 亿 m^3，盆地地下水接受河流入渗补给后，水量主要消耗于植物的蒸散发。

9.2.2 来水减少对地下水补给的影响

北大河原属黑河干流水系，在金塔县北面的鼎新附近与南来的黑河汇流，20 世纪 50 年代末，讨赖河鸳鸯池水库的兴建，截断了讨赖河进入额济纳地区的径流，金塔北部的旧河床断流与黑河失去地表水联系，自成北大河体系。同时 20 世纪 90 年代以来正义峡径流量的快速减少，给下游额济纳盆地带来水资源的严重不足，产生一系列严重的生态环境问题。

位于额济纳盆地境内黑河下游的居延海，在古代曾经为一个大湖，水面面积曾达到 1 200 km^2，近代由于下泄水量的减少，分为东西两个居延海。根据 1958 年航片量算，西居延海面积达 267 km^2，1960 年内蒙古地质队调查面积 213 km^2，1961 年秋全部干涸，现在湖底已成为盐碱滩。东居延海位于西海东部约 30 km，1958 年水面面积达 35.5 km^2，蓄水量 0.364 亿 m^3，1982 年 10 月调查时水面面积 32.32 km^2，于 1992 年全部干涸。东、西居延海的萎缩直至枯竭，与正义峡下泄水量的不断衰减密切关联。

由于正义峡以上来水的减少，黑河下游狼心山以下河道断流现象严重，20 世纪 50 年代，河道断流时间约为 100 d，到 20 世纪 90 年代，全年有将近 200 d 河道干涸。黑河尾端东西居延海先后于 1961 年和 1992 年干涸。由于地表补给水的减少，下游地下水水位下降显著，水质恶化。大量依靠河水补给的胡杨、红柳等植物群落出现大片死亡，80 年代至 1994 年，植被覆盖率超过 70% 的绿洲面积减少了 288 万亩，胡杨林面积由 20 世纪 50 年代的 75 万亩减少到目前的 34 万亩。即使存活的林地中也几乎全是青、壮年株，幼年株比例很低。地下水位的下降，导致许多梭梭、白刺和骆驼刺等灌木枯萎。

同时东风场区大量开采地下水，减少了额济纳盆地地下水的侧向补给量，加剧了额济纳绿洲环境的恶化。

由于河水流量的减少，依赖于河水渗漏为主要补给来源的地下水呈减少趋势，并由此引发了一系列生态环境问题。

9.2.3 输水工程对地下水补给的影响

黑河下游河道渗漏量大，河道输水效率较低，严重影响黑河调水效果。根据《黑河流域近期治理规划》，拟规划建设下游大墩门枢纽至哨马营输水干渠和狼心山至东居延海输水工程，减少河道渗漏损失，提高输水效率，增加有效输水量，确保额济纳绿洲及东、西居延海生态需水。

9.2.3.1 大墩门至狼心山河段输水工程

大墩门至狼心山河段输水工程，从大墩门枢纽至哨马营修建长 96 km 的内蒙古输水干渠，干渠采用混凝土预制板衬砌、复合土工膜防渗。干渠的总体布置：干渠从大墩门引水枢纽进水闸引水，沿线途径金塔县双城乡东、五爱村东、拐坝林场东，在河东里穿越东风场区铁路后，于铁路以西且与铁路平行至哨马营以下 3 km 处入黑河原河道，全长 96 km。

9.2.3.2 狼心山至东居延海输水工程

狼心山分水枢纽至昂茨河分水闸之间建设东干渠，干渠长 110 km。昂茨河分水闸以下利用现有 10 条河道中的铁库里河、二道河及四道河建设分干渠。

东干渠采用全断面高标准衬砌，利用改建后的狼心山水闸引水，沿东北方向平行于东河左岸布置，至昂茨河分水闸以南 4.5 km 处汇入东河。昂茨河分水闸至东居延海利用铁库里河、二道河及四道河分干渠输水入东居延海。铁库里分干渠布置在绿洲带西边缘，干渠长 47 km；二道河分干渠长 32 km；四道河分干渠长 37.8 km，对公路以南的 14.3 km 考虑全断面衬砌，公路以北的 23.5 km 进行必要的裁弯取直、理顺疏浚、缩小断面，提高输水效率。

黑河下游输水工程目的是减少河道沿途渗漏，增加有效输水量，但是可能会产生一些问题，如将大大减少黑河河道对下游地区地下水的补给源，改变下游地下水系统的补径排条件，由此可能引发一系列的水环境及生态环境问题。

正义峡至哨马营为鼎新盆地，地下水埋深浅，河道对地下水补给量大，大墩门至哨马营河段输水工程的运用有利于减少输水损失，降低地下水位，减少蒸发损失，但将大大减少地表水对地下水补给量，减少哨马营—狼心山地下水侧向径流量。该区域东风场区用水主要取自地下水，河床渗漏补给是地下水的补给来源，因此东风场区的用水可能将受到一定影响，为满足其需要的地下水资源量，将进一步加大开采井井深，从而形成范围更大的降落漏斗，也将大大减少额济纳盆地的地下水侧渗补给量，对额济纳旗生态环境造成负面影响。

至于大墩门至狼心山河段输水工程对古日乃绿洲的影响，根据前面环境同位素等研究，没有发现古日乃绿洲与黑河水存在水力联系的证据，因此判断输水工程对古日乃绿洲不会产生大的负面影响。

狼心山至东居延海河段附近生长大量的荒漠河岸林、灌木林和草甸植被（见图9-8），主要有胡杨、沙枣、红柳和梭梭等，这些植被主要依赖于地下水和河水的溢流而生存，输水工程使狼心山以下河段地区地下水系统，尤其是浅层潜水含水系统得不到充分补给，地下水水位将持续下降，这将对狼心山以下天然河道两岸原有的天然林带产生影响，虽然工程措施将考虑采取人工灌溉的方式，但这种方式的维持范围和能力有限。

图 9-8　黑河下游河岸附近天然绿洲

人为改变天然河道的输水过程，将直接改变地下水的天然流场，造成区域地下水补给量的减少，地下水位将持续下降，这将可能对依赖于地下水而生存的天然绿洲的生存产生不利影响。因此，必须加强下游地下水动态监测，进一步分析输水工程对两岸天然绿洲的影响程度。

总而言之，黑河流域人类活动已严重影响着流域水循环过程，并带来了一系列的水文与生态环境效应，目前黑河流域水循环模式已发生了显著的变化。

第10章 结 语

黑河流域干旱区特殊的地理环境,形成了独具特色的水循环模式,水资源形成、运移、转化和消耗过程具有明显的规律性,这种水循环特征或模式,随着流域人类活动影响强度的日益加剧发生了较大的变化,流域水循环模式的变化直接影响着流域水资源的开发利用和生态环境修复,严重影响流域经济和社会的可持续发展。要合理开发利用水资源,必须对水资源进行科学评价和可持续管理,但水资源的可持续利用和管理取决于对变化条件下水循环及其演变规律的认识程度。

10.1 研究的主要成果和认识

本研究采用环境同位素示踪技术等方法对黑河流域水循环特征和演化规律进行了系统研究,对变化条件下黑河流域水循环规律取得了许多实质性成果和认识。

(1)黑河流域特殊的地形地貌和气候环境,形成了独特的水资源时空分布特征。流域水资源的存在形式有4种:降水、冰川融水、地表水和地下水,这些水资源均来源于祁连山区的大气降水。流域地表径流可明显地划分为径流形成区、利用区和消失区,祁连山口是是流域主要产水区;中下游地区气候干旱,地表产流量很小,是甘肃省重要农业灌溉区,为流域水资源的利用区,特别是中游灌区;下游大部分地区为戈壁、沙漠,基本不产流,是流域径流消失区。

(2)受地形地貌、地质构造的制约,黑河流域地表水和地下水频繁转化,这也是流域水资源的重要特征。流域水资源的多次循环转化为水资源的开发利用创造了良好条件,提高了水资源的利用效率。受流域人类活动的强烈影响,流域水循环模式发生了较大的变化,对流域水资源的开发利用和生态环境产生了严重影响。

(3)同位素数据显示,上游山区地表水由降水、冰雪融水和地下水补给三部分组成,降水、冰雪融水形成地表径流和沿裂隙渗入地下形成地下径流,自上而下,河流沿途接受地下水的排泄补给。非汛期的11月~次年的3月,河流主要由地下水补给,4~6月主要由地下水、冰雪融水补给,其中6月冰雪融水占河川径流的比例达到最大值;在汛期7~10月,河流中由降水直接形成的径流比重最大。在出山口,山区绝大部分地下水由于阻水构造阻隔而以泉的形式排泄于河谷,以地表水的形式进入中游盆地,地下水与地表水的转化量大约占出山径流量的37%。

(4)根据黑河中游地下水环境同位素特征,中游地下水可分为两个地下水系统,一个是径流较快的潜水地下水流系统,水的垂向交换较强烈,主要接受现代河水的补给,地下水年龄较年轻,更新能力强;另一个是径流缓慢的深层承压水系统,主要表现为活塞流特征,地下水基本不含或含很低的^3H和CFC,地下水形成年代较早,基本不参与现代水循环,两个不同的地下水系统具有不同的水循环特征。

(5)中游张掖盆地地下水主要来自出山径流的入渗补给,山前冲洪积扇地表水入渗带在天然条件下是盆地地下水的主要补给区。同位素和水化学数据显示，该区域深达100～200 m地下水接受地表水的强烈补给，水交替迅速，CFC表观年龄在20年左右，地下水积极参与现代水循环。

中游张掖盆地地下水除受山前地表水入渗补给外，灌溉回归水也是主要补给来源。同位素数据显示，当地降水对地下水补给量不大，浅层地下水主要接受现代地表水的入渗补给，大多为近40年内形成的。盆地内深层承压地下水则主要来自山前侧渗补给，^{3}H、CFC和^{14}C数据指示其形成年代较早，基本不参与现代水循环，在细土平原一带深层承压水水头高出地面。

(6)酒泉东盆地地下水同位素组成与张掖盆地地下水同位素组成有明显差异，远离河流莲花—明海一带浅层地下水稳定重同位素δD、$\delta^{18}O$明显偏贫，$\delta^{18}O$值一般小于$-8‰$，与该区域深层地下水同位素组成接近，从^{3}H和CFC含量分析，其地下水补给年龄比张掖盆地的地下水年老，反映酒泉东盆地地下水补给来源与张掖盆地地下水不同，该地下水主要来自西南祁连山冰雪融水和山区基岩裂隙地下水的侧渗补给，而缺乏地表水体（如灌溉水）的垂向入渗补给，浅层地下水明显接受深层地下水的越流补给。

(7)地下水年龄分布特征显示，张掖盆地浅层地下水更新能力大于酒泉东盆地浅层地下水更新能力；山前冲洪积扇带地下水更新能力大于细土平原带；靠近河边浅层地下水更新能力大于远离河边的浅层地下水；中游盆地深层地下水形成年代早，径流缓慢，可更新能力较差。

(8)中游沿河环境示踪剂和流量变化结果显示，黑河山前冲洪积扇带区，河水以“渗水式”强烈补给地下水；张掖黑河大桥一带是地下水补给与排泄的一个转折点，张掖黑河大桥以下，黑河以排泄地下水为主，其中张掖黑河大桥至高台，地下水排泄量较大，高台河段附近，地下水强开采时期，个别河段存在地表水对地下水的回补现象。

(9)黑河下游盆地地表水与地下水转化模式较为单一，为地表水入渗补给地下水。黑河水既是下游盆地地下水的主要补给来源，也是维持下游天然绿洲的生命水源，近十几年来，由于中游用水量大幅增加，下游来水量相应大幅减少，使下游生态环境严重恶化，因此保证黑河下游一定的来水量，对于维护下游生态环境是至关重要的。

根据对下游渗漏损失的综合分析，下游正义峡至狼心山区间河床岩性渗透性强，地表水渗漏损失大，是盆地地下水的主要补给区，年补给量大约3亿m^3，其中正义峡至哨马营（鼎新盆地）渗漏损失近2亿m^3。

(10)根据地下水水化学、环境同位素和CFC的分析，下游盆地地下水补给来源具有多源性。黑河是下游盆地地下水的主要补给来源，特别在河流附近的地下水，靠近河流地下水更新能力大，而远离河流地下水更新能力差。

同位素和水化学数据显示，流域东南部古日乃地区地下水与黑河水不存在明显的水力联系，该区域地下水来自黑河侧渗补给的观点缺乏令人信服的证据。经分析，该区域地下水主要来自古日乃地区的大气降水和巴丹吉林沙漠的侧渗补给；浅层地下水主要来自现代降水形成的地下水补给和深层地下水的越流补给，深层地下水形成年代较早。这一结论说明，下游兴建大墩门枢纽至哨马营输水干渠对古日乃天然绿洲没有影响，目前古日乃地区生态环境的退化应是自然条件的变化和人类对植被的破坏造成的，而不是由于黑河来水减少对该地区补给量减少的原因。

中蒙边境至居延海深层地下水矿化度高,稳定同位素偏贫,地下水年龄老,经分析,其补给来源主要来自北部的蒙古高原地下水的补给,而后与南部深层地下水在居延海南部附近交汇。

(11)近几十年来,由于黑河流域大规模修建水利工程、引用地表水和开采地下水等人类活动的影响,改变了流域天然水循环状态,使地表水与地下水之间的转化关系和强度受到人为因素的强烈干扰,黑河流域水循环模式及水资源演变规律发生了较大的变化。

由于地下水补给量的减少和地下水开采量的增加,黑河干流中游的地下水位多年来呈总体下降趋势,地下水位降幅最大的地区发生在上游地下水开采量小、河渠水入渗补给量大的山前倾斜平原和以井灌为主的细土平原南部灌区,这说明引起区域地下水位下降的主要原因不仅仅是由于地下水的过量开采,河渠水入渗量减少引起地下水补给量不足也是主要因素。地下水位的下降致使泉水出露高程降低,溢出带下移,中游盆地泉水溢出带泉水流量也大幅减少,降低了地下水对河流的补给作用。

由于下游来水完全依赖于上中游的人工控制,下游来水的减少,直接导致下游地下水位的下降,造成依赖于地下水的天然绿洲生态环境日益恶化。

(12)根据《黑河流域近期治理规划》,拟在上游兴建黄藏寺水库、中游兴建正义峡水库,下游兴建大墩门枢纽至哨马营输水干渠和狼心山至东居延海输水工程,这些工程措施对合理配置流域水资源,提高输水效率,减少河道渗漏损失,增加有效输水量,提高输水保证率等具有重要作用。但这些水利工程人为改变天然河道的输水过程,将可能直接改变地下水的天然流场,造成区域地下水补给量的减少,地下水位将持续下降,将可能威胁依赖于地下水而生存的天然绿洲。

10.2 对水资源开发利用的几点建议

根据前面对变化条件下流域水循环的研究分析,对流域水利工程规划、水资源开发利用提以下几点建议。

(1)黑河流域地表水与地下水存在密切的水力联系,在成因上是不可分割的整体,并且相互制约,任一形式水资源的变化,将引起其他形式水资源随之发生相应的变化,如地表水的开发利用将影响着地下水的补给、径流和排泄关系,以及补给量和排泄量的大小。地下水补、径、排关系及其补排量的改变,将导致地表径流的变化等。因此,对流域水资源的管理应从目前单纯的地表水管理向地表水、地下水联合管理转变,在进行流域水资源开发利用规划和水利工程规划时,应将地表水与地下水作为不可分割的整体综合考虑。

(2)山前冲洪积扇带巨厚的第四纪松散沉积物渗透性强,在此区段地表水大量渗漏补给地下水,是中游地下水的主要补给区,具有很好的地下水蓄水能力,具备良好的多年调节、调蓄条件,利用山前地下水含水层巨型"地下水库"的调蓄功能,对减少水面的无效蒸发,增加可利用的水资源量和涵养地下水源有重要作用。但目前中游兴建的水利工程将山前地表径流直接引入细土平原,导致地表水入渗补给地下水量减少,同时现状条件黑河调水采取集中下泄方式往下游调水,也不利于中游地下水的补给,地表水补给量减少将造成中游盆地地下水位持续下降,泉水溢出量衰减,使"地下水库"的自然调节能力降低,水资源的重复利用效率降低。

因此,应采取有效措施维持或增加地下水补给量,维持天然“地下水库”的调蓄能力,如可考虑在丰水年份,在保证下游一定下泄量条件下,尽可能增大地表水对地下水的入渗补给量;同时在进行流域水利工程规划和建设时,应考虑保证一定量的地表水对山前地下水的补给。

(3)黑河中下游地区气候干旱,蒸发量大,大量的平原水库和地下水浅埋带蒸发损失大,因此袭夺地表水和浅层地下水无效蒸发是增加黑河流域水资源可利用量的一个重要途径。

黑河中游平原水库修建与运行,不仅造成水域面积增大,导致蒸发量增大,而且水库渗漏使周围地下水位抬升,出现次生盐渍化,应废除平原水库,尽早修建黄藏寺水库,通过水库调节解决春夏灌溉时期卡脖子旱问题。

在中下游地下水浅埋带,可以通过适当增加潜水开采量来夺取潜水蒸发量,将地下水位降低到植被适宜水位埋深的下限,以减少地下水无效蒸发、缓解土壤次生盐渍化,改善流域生态环境。

(4)黑河流域水资源具有资源功能、环境功能和生态功能的多重属性,生态功能在下游盆地尤其突出,黑河是下游地下水的主要补给来源,保证下游适量供水是维护下游天然绿洲的必要条件。因此,水资源开发利用应优先满足下游生态用水,特别是黑河沿岸天然绿洲的植被用水的需要。保证居延海一定水量,是黑河近期调水成功的标志,但不应过分重视入湖水量的多少,因为居延海区域土壤岩性入渗条件较差,入湖水量大多以蒸发形式消耗掉,因此从长远考虑,应提高黑河水对地下水的有效补给,地下水位的恢复才会使天然绿洲生态环境得到有限的修复。在下游建设输水工程,既要考虑提高输水效率,保证额济纳盆地的来水,更要考虑水利工程对河流两岸地下水的补给影响。

(5)黑河流域盆地深层承压水,大多形成年代早,地下水年龄较老,径流速度十分缓慢,其可再生能力差,深层地下水的利用具有不可持续性,因此对深层承压水的开发利用一定要慎重,特别是下游盆地。

参考文献

[1] 中华人民共和国水利部.黑河流域近期治理规划[R].2001.8.
[2] 高前兆,李福兴.黑河流域水资源合理开发利用[M].兰州:甘肃科学技术出版社,1991.
[3] 陈隆亨,曲耀光,河西地区水土资源及其合理开发利用[M].北京:科学技术出版社,1992.
[4] 甘肃省水文地质二队.甘肃省黑河干流中游地区地下水资源及其开发利用勘察研究[R].1990.3.
[5] 甘肃省水文地质二队.甘蒙西部黑河中下游两水转化及水资源综合开发利用[R].1990.3.
[6] 甘肃省地勘局水文地质工程地质勘察院.黑河干流中游地区地质环境质量五年报告(1996-2000年)[R].2001.12.
[7] 甘肃省水文地质二队.黑河下游荒漠平原环境地质研究[R].1990.12.
[8] 武选民,史生胜,黎志恒,等.西北黑河下游额济纳盆地地下水系统研究[J].水文地质工程地质,2002(1):16-20.
[9] 武选民,史生胜,黎志恒,等.西北黑河下游额济纳盆地地下水系统研究[J].水文地质工程地质,2002(2):30-33
[10] IAEA. Guidebook on Nuclear Techniques in Hydrology[M]. Technical Reports Series No. 91, 1983.
[11] W. G. Mook. Environmental Isotopes in the Hydrological Cycle Principles and Applications[M]. IAEA Publication, 2001.
[12] Andrew L. Herczeg, Chris J. Barnes, Phillip G, et al. A stable isotope investigation of groundwater-surface water interactions at Lake Tyrrell, Victoria, Australia[J]. Chemical Geology, 1992, 96: 19-32.
[13] Alan E. Williams. Sable isotope tracers; natural and anthropogenic recharge, Orange County, California[J]. Journal of Hydrology, 1997, 201: 230-248.
[14] F. Edwin Harvey , Steren S. Sibray. Delineating groundwater recharge from leaking irrigation canals using water chemistry and isotopes[J]. Groundwater, 2001, 39(3): 408-421.
[15] I. L. Leontiadis, et al. Isotope hydrology study of areas in Eastern Macedonia and thrace, Northern Greece[J]. Journal of Hydrology, 1996, 182: 1-17.
[16] J. R. Gat. Oxygen and hydrogen isotopes in the hydrologic cycle[J]. Annu. Rev. Earth Planet. Sci. 1996. 24:225-62.
[17] Sebastian Bauer, Christian Fukta, et al. A multi-tracer study in a shallow aquifer using age dating tracers ^3H, ^{85}Kr, CFC – 113 and SF6 – indication for retarded transport of CFC – 113[J]. Journal of Hydrology, 2001, (248):14-34.
[18] K. J. Devito, A. R. Hill, N. Roulet. Groundwater-surface water interactions in headwater forested wetlands of the Canadian Shield[J]. Journal of Hydrology, 1996, 181:127-147.
[19] K. K. Ellins. Stable isotopic study of the Groundwater of the Martha Brae River Basin, Jamaica[J] Water Resources Research, 1992, 28(6): 1597-1604.
[20] 伊观.同位素水文地球化学[M].成都:成都科技大学出版社,1988.
[21] 王恒纯.同位素水文地质概论[M].北京:地质出版社,1991.
[22] Peter G. Cook, et al. Environmental Tracers in Subsurface Hydrology[M]. 1992.
[23] 刘丹,杨立中,李晓.秦岭特长隧道地区同位素水文地质研究[J].成都理工学院学报,2002

(3):340-345.

[24] 顾慰祖,陆家驹,谢民,等.乌兰布和沙漠北部地下水资源的环境同位素探讨[J].水科学进展,2002(3):326-332.

[25] 尹观,范晓,郭建强,等.四川九寨沟水循环系统的同位素示踪[J].地理学报,2000(4):487-494.

[26] 苏小四,林学钰,廖资生,等. 黄河水 $\delta^{18}O$、δD 和 ^{3}H 的沿程变化特征及其影响因素研究[J].地球化学,2003,32(4):349-356.

[27] Lisa Shevenell , fraser Goff. The use of tritium in groundwater to determine fluid mean residence times of Valles caldera hydrothermal fluids, New mexico, USA[J]. Journal of Volcanology and geothermal Research 1995, 67: 187-205

[28] Brian G. Katz, John S. Catches, et al. Changes in the isotopic and chemical composition of ground water resulting from a recharge pulse from a sinking stream[J]. Journal of Hydrology 211 (1998) 178-207.

[29] Robert L. Michel , Thomas F. Kraemer. Use of isotopic data to estimate water residence times of the Finger lakes, New York[J]. Journal of Hydrology, 1995(164):1-18.

[30] Corinne Le Gal Salle, Christelle Marlin, et al. Geochemistry and ^{14}C dating of groundwaters from Jurassic aquifers of North Aquitaine Basin (France) [J]. Applied Geochemistry, 1996, 11: 433-445.

[31] G. Buckaua, R. Artingera, et al. ^{14}C dating of Gorleben groundwater[J]. Applied Geochemistry, 2000, 15: 583-597.

[32] S. Bouhlassa, A. Aiachi. Groundwater dating with radiocarbon: application to an aquifer under semi-arid conditions in the south of Morocco (Guelmime) [J]. Applied Radiation and Isotopes, 2002, 56: 637-647.

[33] Eva-Lena Tullborga, Erik Gustafsson. ^{14}C in bicarbonate and dissolved organics Da useful tracer[J]. Applied Geochemistry, 1999, 14: 927-938.

[34] Vogel J. C.. Carnon-14 dating of groundwater[J]. Isoptope Hydrology 1970, IAEA, Vienna, 1970, 225-239.

[35] Tarmers, M. A.. Radiocarbon ages of groundwater in an arid zone unconfined aquifer, In: Iostope Techniques in the Hydrologic Cycle, Geophysics[J]. Monogr. Ser. Vol. 11, G. E. Stout, AGU, Washington, D. C., 1967, 143-152.

[36] Ingerson E., Person FJ Jr.. Estimation of age and rate of motion of the groundwater by the ^{14}C method[J]. Proc. Sugawara Festival on Recent Researches in the Fields of Atmosphere, Hydrosphere, and Nuclear Geochemisrtry, Maruzen, Tokyo, 1964, 237-266.

[37] Eurybiades Busenberg , L. Nile Plummer. Use of Chlorofluorocarbons (CCl_3F and CCl_2F_2) as hydrologic tracers and age – dating tools: The alluvium and terrace system of central Oklahoma[J]. Water Resources Research, 1992, 28(9):2257-2283.

[38] H. Oster, C. Sonntag, K. O. Munnich. Groundwater age dating with Chlorofluorocarbons[J]. Water Resources Research, 1996, 32(10): 2989-3001.

[39] Han Liangfeng , et al. Study of groundwater mixing using CFC data[C]. Science in China, 2001, 44 (supp.): 21-28.

[40] Z. Szabo, D. E. rice, L. N. Plummer, et al. Age dating of shallow groundwater with chlorofluorocarbons, tritium/helium 3, and flow path analysis, southern New Jersey coastal plain[J]. Water Re-

sources Research,1996, 32(4): 1023-1038.

[41] Cook,P. G,et al. Chlorofluorocarbons as tracers of groundwater transport in a shallow, silty sand aquifer[J]. Water Resources Research,1995,31(3): 425-434.

[42] Qin Dajun, et al. Isotope constraints on the hydraulic relationship of groundwaters between Quaternary and Tertiary aquifer in Xi'an area, Shaanxi province[J]. Science in China,2001. 8.

[43] IAEA. Use of Chlorofluorocarbons In Hydrology[M]. A Guidebook, 2006

[44] 郭永海,刘志强,吕川河,等.一种新的地下水年龄示踪剂—CFC[J].水文地质工程地质,2003(6):30-32.

[45] 聂振龙,陈宗宇,申建梅,等.应用环境同位素方法研究黑河源区水文循环特征[J].地理与地理信息科学,2005,21(1):104-108.

[46] 张光辉,聂振龙,谢悦波,等.甘肃西部平原区地下水同位素特征及更新性[J].地质通报,2005,24(2):149-155.

[47] 陈宗宇,聂振龙,张荷生,等.从黑河流域地下水年龄论其资源属性[J].地质学报,2004(8):560-566.

[48] D. Reide Corbett ,et al. Radon tracing of groundwater input into Par Pond, Savannah River Site[J]. Journal of Hydrology, 1997, 203: 209-227.

[49] Daniel D. Snow , Roy F. Spalding. Short – term aquifer Residence Times Estimated from ^{222}Rn disequilibrium in artificially-recharged ground water[J]. Environ. Radioactivity, 1997,37(3):307-325.

[50] P. G. Cook, G. Favreau, et al. Determining natural groundwater influx to a tropical river using radon, chlorofluorocarbons and ionic environmental tracers[J]. Journal of Hydrology 2003,277 : 74-88.

[51] 杨国宪,何宏谋,杨丽丰.黑河下游地下水变化规律及其生态影响[J].水利水电技术,2003,34(2):27-29.

[52] 龚家栋,程国栋,张小由,等.黑河下游额济纳地区的环境演变[J]. 地球科学进展, 2002,17(4):491-495.

[53] 许彦卿.河西走廊黑河鼎新至哨马营段河水与地下水转化途径分析[J].冰川冻土,2000(1):73-77.

[54] 陈建生,凡哲超,等.巴丹吉林沙漠湖泊及其下游地下水同位素分析[J].地球学报,2003,24(6):497-504.

[55] Cheng Jiansheng, Li Lin, et al. Groundwater maintains dune Landscape[J]. Nature. 2004, 432:1.

[56] 钟华平,刘恒,王义,等.黑河流域下游额济纳绿洲与水资源的关系[J].水科学进展,2002,136(2):224-228.

[57] 任建华,李万寿,张婕.黑河干流中游地区耗水量变化的历史分析[J].人民黄河,2002,24(1):27-30.

[58] 孙文新,曾群柱.黑河下游干旱地区环境变化研究[J].中国沙漠,1997,17(2):150-153.

[59] 郭英卓.黑河下游水资源变化对生态环境的影响分析[J].海河水利,2000(增刊):7-8.

[60] 丁宏伟,高玉卓,何江海.黑河过正义峡河川径流量减少的原因及对策分析[J].中国沙漠,2001,21(1):62-65.

[61] 丁宏伟,崔振卿.黑河干流中游地区泉水资源衰减原因及趋势分析[J].甘肃地质学报,2001,10(1):70-74.

[62] 张光辉,石迎新,聂振龙.黑河流域生态环境的脆弱性及其对地下水的依赖性[J].安全与环境

学报,2002,2(3):31-33.

[63] 蓝永超,康尔泗,张济世,等.黑河流域水资源合理开发利用研究[J].兰州大学学报(自然科学版),2002,38(5):108-113.

[64] 张红举,曹建廷,崔广柏.黑河流域地下水利用现状及对策[J].地下水,2002,24(2).

后　记

本书是国际原子能机构(IAEA)2003~2004年技术合作项目(Technical Co-operation Project,项目编号CPR/8/015)“黑河流域地表水与地下水转换规律研究”和水利部创新项目“应用同位素水文技术在黑河流域进行地下水资源评价”的研究成果。研究得到中科院地质与地球物理研究所、张掖水文水资源勘测局和额济纳旗水务局以及黑河流域管理局的大力支持和协助。整个研究历时3年,在此期间项目组研究人员钱云平、王玲、林祚顶、秦大军、陈崇希、英爱文、庞忠和、陈文雄、王玉明、何炜、王志勇、宋瑞鹏、高亚军、李东、金双彦等付出了艰辛的努力和辛勤的汗水,在此向参加和支持本研究的单位和个人表示衷心的感谢和敬意!

在研究过程中,得到了IAEA技术官员Turner博士、Andrew博士的技术指导,在此表示衷心的感谢!

在项目研究过程及本书完成过程中得到吉林大学林学钰院士的悉心指导,同时在研究过程中,得到吉林大学苏小四博士、长安大学王文科教授、中国(北京)地质大学万力教授和胡伏生教授、北京师范大学王金生教授的大力帮助,在此,对上述各位专家教授的帮助表示衷心的感谢。

后记